Tecnologías de la Información y la Comunicación para profesionales de la Salud

Alberto Nájera López y Enrique Arribas Garde

Albacete, septiembre de 2012

Para cualquier duda, puede contactar con el autor:

Dr. Alberto Nájera López
Universidad de Castilla – La Mancha
Facultad de Medicina
C/ Almansa, 14
Albacete 02001
ESPAÑA

ISBN: 978-1-291-07245-7

B7) Aplicaciones de las TIC: beneficios en todos los aspectos de la vida

51. En la utilización y despliegue de las TIC se debe tratar de generar beneficios en todos los ámbitos de nuestra vida cotidiana. Las aplicaciones TIC son potencialmente importantes para las actividades y servicios gubernamentales, la atención y la información sanitaria, la educación y la capacitación, el empleo, la creación de empleos, la actividad económica, la agricultura, el transporte, la protección del medio ambiente y la gestión de los recursos naturales, la prevención de catástrofes y la vida cultural, así como para fomentar la erradicación de la pobreza y otros objetivos de desarrollo acordados. Las TIC también deben contribuir al establecimiento de pautas de producción y consumo sostenibles y a reducir los obstáculos tradicionales, ofreciendo a todos la oportunidad de acceder a los mercados nacionales y mundiales de manera más equitativa. Las aplicaciones deben ser fáciles de utilizar, accesibles para todos, asequibles, adaptadas a las necesidades locales en materia de idioma y cultura, y favorables al desarrollo sostenible. A dicho efecto, las autoridades locales deben desempeñar una importante función en el suministro de servicios TIC en beneficio de sus poblaciones.

Declaración de principios de la World Sumit on the Information Society de 12 de diciembre de 2003, Ginebra, Suiza. Naciones Unidas.

http://www.itu.int/wsis/index.html

PRÓLOGO

PRÓLOGO

Las Tecnologías de la Información y la Comunicación (TIC) están cambiando todas las actividades de la vida diaria, en particular la forma de entender todas las profesiones y, en el caso de las profesiones del ámbito de la Salud, este cambio se perfila extremo. Irremediablemente, los cambios asociados al uso de las TIC provocarán que, tanto el periodo de formación como el desarrollo de su profesión, estén unidos a un ordenador, *Smartphone*, tableta o cualquier dispositivo susceptible de procesar información.

Debemos tener en cuenta que el profesional de la salud no es ni será un informático y que no todos los futuros profesionales necesitarán conceptos teóricos de bases de datos, protocolos de diseño de sistemas inteligentes, de comunicaciones o de secuenciación del código genético. Necesitarán y utilizarán la Informática como una herramienta de apoyo a su trabajo, en algunos casos como una herramienta fundamental de su trabajo. Este texto tan solo pretende dar el apoyo necesario para alcanzar unos conocimientos básicos de Informática y de Tecnologías de la Información que permitan al estudiante alcanzar un "nivel usuario". Pero ¿qué es el "nivel usuario"? Nuestra experiencia demuestra que "nivel usuario" determina los conocimientos informáticos, independientemente del grado de profundidad o profesionalidad, que tiene una persona. Por tanto, lo primero que debemos hacer es definir bien qué es "nivel usuario" y que podemos hacer con el siguiente símil: Yo soy lector y escritor "nivel usuario", lo que significa que sé leer y escribir, pasar las hojas de un libro, escribir en diferentes materiales y con diferentes instrumentos. En definitiva, utilizar la escritura y la lectura como herramientas de apoyo a mi trabajo con normalidad. Pues algo así es lo que pretendemos que ofrezca este manual a los futuros profesionales de la salud, o a aquellos que ya lo sean. Esperamos que el lector no se lleve tan pronto una desilusión con el contenido de este libro, ya que siento decirle que no se trata de un manual avanzado de Informática Biomédica ni que este texto resolverá todas sus dudas o le convertirá en un experto informático. En fin, aprovechando la coyuntura y en nuestra defensa, hemos de decir que los textos especializados de esa disciplina suelen utilizar un lenguaje demasiado "informático" e incluyen unos contenidos, desde nuestro punto de vista, demasiado poco prácticos, excesivamente teóricos.

Por todo ello, este texto no pretende ser más que un manual práctico que permita al futuro sanitario en particular, y a cualquier persona que desee aprender algo de informática en general, ir al grano. Se proporcionan conocimientos básicos de ofimática, pero repetimos, yendo al grano. Se proporcionan conocimientos básicos de telemedicina, una vez más yendo al grano. También hemos incluido un capítulo sobre programas de gestión bibliográfica, que consideramos que puede ser de utilidad, de nuevo, intentando ir al grano. Y otra sección sobre el uso de Facebook y Twitter, cómo no, al grano. Es posible que incluso en algunos momentos el lector encuentre que la información proporcionada es excesivamente escueta, pero se trata de enseñar a manejar una caña de pescar con la que conseguir peces y no dar los peces sin más. La informática se aprende usándola, no leyendo un libro.

Sin ánimo de quitarle las ganas de seguir leyendo, hemos de decirle que no conocemos a nadie que haya aprendido a manejar un ordenador leyendo un libro y conocemos a pocos que lo han hecho asistiendo a cursos de formación. Por esta razón, las partes del libro que pretenden proporcionar conocimientos prácticos se desarrollan a modo de "objetivos de habilidades" donde se muestra paso a paso una determinada acción o habilidad, como se ha dicho, sin entrar en demasiados detalles y yendo al grano. Si quiere adquirir una determinada habilidad práctica, intente reproducirla y repetirla hasta que la domine, pero por favor, no pierda el tiempo intentando aprender a hacer algo con el ordenador si no está completamente seguro de que lo usará en el futuro. Si, a pesar de todo, lo hace, seguramente perderá su tiempo.

Hemos intentado también utilizar un lenguaje claro, a lo mejor en algunos momentos resulta poco académico, pero nuestra intención es romper barreras de comunicación y facilitar el acceso a los contenidos y objetivos, facilitando su comprensión y asimilación.

Este texto es la actualización de un libro anterior, también publicado en Lulu.com con el título "Fundamentos de Informática para profesionales de la Salud" que hemos revisado y en el que hemos eliminado parte de los contenidos y actualizado otros. Pensamos que incluir en el título el concepto de TIC es más apropiado pues no se trata únicamente de informática sino que los contenidos son más amplios que el tratamiento de datos mediante un ordenador. Además hemos incluido un nuevo módulo sobre redes sociales en el que se introducen los conceptos básicos de Facebook y Twitter que no estaban presentes en la edición anterior.

Esperamos que este texto te sea útil.

Alberto Nájera López y Enrique Arribas Garde

11 de septiembre de 2012

CONTENIDOS

1.	Definir informática, ordenador, sistema informático, software, hardware y sistema operativo.
2.	Identificar las principales aplicaciones de la informática en Medicina.
3.	Utilizar un sistema operativo de entorno gráfico por ventanas.
4.	Describir, de forma general, el funcionamiento de Internet como vía de comunicación de la información médica. Tipos de conexiones a Internet.
5.	Conocer las principales aplicaciones de Internet en Medicina.
6.	Utilizar un navegador y un buscador de información en Internet.
7.	Manejar el correo electrónico.
8.	Describir los principales delitos e infracciones en el campo de la Informática.

1. Conocer cómo se representa la información en las computadoras.

2. Analizar las principales especificaciones técnicas hardware y software de un equipo informático constituido por un ordenador personal, una impresora y un escáner.

MÓDULO 4: Introducción a las aplicaciones informáticas básicas II: Hojas de cálculo..........................97

1. Utilizar las características básicas de Microsoft Excel 2003/2007.
2. Utilizar las características básicas de OpenOffice Calc.

MÓDULO 5: Introducción a las aplicaciones informáticas básicas III: Programas de presentaciones 115

1. Utilizar las características básicas de Microsoft PowerPoint.
2. Utilizar las características básicas de OpenOffice Impress.

1. Utilizar las características básicas de Zotero.
2. Realizar bibliografías con Zotero y un procesador de textos.

1. Identificar los principales problemas de salud asociados al uso de ordenadores.

MÓDULO 8: Fundamentos de Telemedicina 149

1. Manejo básico, seguridad y privacidad en Facebook.
2. Manejo básico de Twitter.

MÓDULO 1: Conceptos básicos y principales aplicaciones de la Informática en Medicina

Objetivos del módulo

1. Definir informática, ordenador, sistema informático, software, hardware y sistema operativo.
2. Identificar las principales aplicaciones de la informática en Medicina.
3. Utilizar un sistema operativo de entorno gráfico por ventanas.
4. Describir, de forma general, el funcionamiento de Internet como vía de comunicación de la información médica. Tipos de conexiones a Internet.
5. Conocer las principales aplicaciones de Internet en Medicina.
6. Utilizar un navegador y un buscador de información en Internet.
7. Manejar el correo electrónico.
8. Describir los principales delitos e infracciones en el campo de la Informática.

Bibliografía específica y complementaria.

Para alcanzar los objetivos propuestos, el lector podrá aclarar sus dudas y ampliar conocimientos con los siguientes textos:

1. Pareras, L. G. *Internet y medicina.* 2ª ed. Masson, 1997. ISBN: 978-84-458-0450-6.
2. Coiera E. *Informática Médica.* Ed. Manual Moderno, 2006. ISBN: 9707291990.
3. Pérez Hernández, M.G. *La informática. Presente y futuro en la sociedad.* Ed. Dykinson. 2008. ISBN: 8497729668.
4. Shortliffe, E., Cimio, J.J. *Biomedical Informatics: Computer Applications in Health Care and Biomedicine (Health Informatics).* 3ª ed. Springer. 2006. ISBN: 0387289860.
5. Hoyt, R., Sutton, M., Yoshihashi, A. *Medical Informatics: Practical Guide for the Healthcare Professional.* Ed. Lulu.com. 2007. ISBN: 1430321628
6. Trinidad Ramos, G. T., Suárez, J.M., Trinidad Ruiz, G. *Informática para Médicos.* Ediciones Anaya Multimedia. 2000. ISBN: 978-84-415-0986-3.
7. Medina Aguerrebere, P. *Fuentes de Información en Medicina.* Editorial UOC, S.L. 2012. ISBN: 8497885562.

Material audiovisual o de Internet.

☝ Software:

  ☝ Microsoft Internet Explorer o Mozilla Firefox, aunque servirá cualquier otro navegador como Opera o Google Chrome.

  ☝ Microsoft Windows XP/Vista/7, Linux UBUNTU (o cualquier otra distribución).

☝ Diccionario de términos informáticos: http://whatis.com/

☝ Cursos de Informática: http://www.aulaclic.org/

☝ I Campaña Mundial de Seguridad en la red: http://www.seguridadenlared.org/

☝ Centro de seguridad en la red: http://www.inteco.es/landing/Seguridad/

☝ Iniciativa para la calidad del correo electrónico: http://www.pepi-ii.com/

Objetivo 1

Definir informática, ordenador, sistema informático, software y hardware.

¿Qué es la informática?

A lo largo de la historia, el hombre ha necesitado comunicarse y transmitir información. Desde las formas más primitivas de comunicación a los actuales teléfonos móviles, el hombre ha creado diferentes máquinas y métodos para procesar la información.

La **informática** se encarga del estudio y desarrollo de máquinas y métodos de procesar información. Surge de la idea de ayudar al hombre en trabajos de gestión y cálculo, en general, muy repetitivos.

El término informática se creó en Francia en 1962 bajo la denominación *informatique* y procede de la contracción de las palabras *INFORmation autoMATIQUE*. El Diccionario de la Real Academia Española (RAE) define informática como: "Conjunto de conocimientos científicos y técnicas que hacen posible el tratamiento automático de la información por medio de ordenadores" aunque pensamos que este término está obsoleto pues en la actualidad el procesado de información no se limita únicamente a los ordenadores.

¿Qué es la informática médica?

La **Informática Médica** es la aplicación de la informática y por tanto, como define la RAE, de los ordenadores a la práctica médica. Pero como decíamos, no solo mediante computadoras, sino que este concepto incluirá todas las Tecnologías de la Información y la Comunicación (TIC) aplicadas a alcanzar el objetivo de facilitar el trabajo del médico y de mejorar la calidad de la atención sanitaria.

Las aplicaciones de la Informática en la Medicina son amplias y variadas, como lo es el propio campo de la Medicina; todas las áreas médicas, básicas, clínicas, gestión y de investigación se benefician de los avances diarios de las TIC. Entre las aplicaciones más frecuentes podemos destacar su uso en la gestión hospitalaria, almacenamiento y distribución de historias clínicas, bases de datos de pacientes, manejo de turnos, archivos de imágenes, análisis clínicos, comunicación, investigación, sistemas expertos de toma de decisiones, diagnóstico por imagen, telemedicina, etc.

Elementos y conceptos fundamentales.

El elemento básico para el tratamiento de la información es el computador, computadora u ordenador. Es una máquina electrónica dotada de una memoria y de métodos de tratamiento de la información, capaz de resolver problemas aritméticos y lógicos gracias a la utilización automática de programas registrados en ella.

Hoy en día, disponemos de un gran número de dispositivos digitales que permiten ese tratamiento de la información de forma fácil y flexible sin necesidad de disponer de un ordenador fijo y que aportan un nuevo concepto que es la movilidad. Poder acceder, tratar y compartir información de forma inalámbrica o móvil está revolucionando aún más la sociedad y cómo no, también el mundo de la Medicina.

El conjunto de órdenes que se dan a una computadora (o dispositivo electrónico como un teléfono móvil o una tableta) para realizar un proceso determinado se denomina

programa, mientras que el conjunto de uno o varios programas para realizar un determinado trabajo, se denomina **aplicación informática**. Realmente ambos conceptos se entremezclan y habitualmente utilizamos ambos indistintamente.

Dos conceptos indispensables a tener claros son:

- Hardware. Es el conjunto de elementos de un sistema informático que tienen entidad física: el ordenador, el cableado, el monitor, el teclado, pantalla táctil, etc.

- Software. Es el conjunto de reglas y normas lógicas necesarias para que se puedan realizar las tareas encomendadas a un sistema informático, es decir, es el conjunto de comandos y aplicaciones informáticas.

Como decía un amigo: "el hardware es aquello que puedes patear y el software aquello que solo puedes maldecir"...

Objetivo 2

Identificar las principales aplicaciones de la informática en Medicina.

Aplicaciones de la informática en Medicina.

La informática tiene múltiples aplicaciones en el estudio y la práctica de la medicina. En esta sección, se identifican y se describen las más importantes. En el Objetivo 3 se desarrollarán con detalle las aplicaciones de Internet en Medicina.

La Sociedad Española de Informática y Salud[1] edita mensualmente una revista donde se presentan las últimas aportaciones a este campo.

Elaboración de documentos.

La ofimática[2] ha encontrado, sin duda, aplicación en todos los ámbitos profesionales y, por supuesto, también en Medicina. El uso del ordenador se ha generalizado en la práctica clínica, facilitando la elaboración de documentos, la presentación de resultados, la comunicación, etc. Más información en los Módulos 3, 4, 5 y 6.

Evaluación de nuevos fármacos.

La efectividad de nuevos fármacos se valora habitualmente mediante estudios estadísticos. Para realizar este tipo de estudios es imprescindible disponer de una computadora y una aplicación estadística apropiada (por ejemplo SPSS o EPI INFO) que proporcione los resultados de manera objetiva, fiable, rápida y precisa.

Mantenimiento de historiales clínicos de pacientes y realización de estudios estadísticos en tiempo real.

Las bases de datos permiten generar y gestionar los historiales clínicos de los pacientes de una forma sencilla y rápida, guiando al usuario en el proceso de introducción de los mismos. Permiten, por ejemplo, analizar de una forma cuantitativa la evolución temporal de la enfermedad de un paciente y el efecto de los tratamientos suministrados.

Igualmente, es posible realizar estudios estadísticos sobre una muestra representativa de la población utilizando sus historiales clínicos. Por ejemplo, se podría calcular el porcentaje de pacientes que sufren una determinada enfermedad sobre el total de pacientes registrados en un centro de salud o en todos los centros de una región con unos cuantos clics de ratón. Gracias a las computadoras, los resultados estadísticos se actualizan automáticamente al registrar cada nuevo paciente en la base de datos.

Además las historias clínicas de los pacientes están accesibles desde diferentes Servicios, Centros de Salud y Hospitales, incluso aunque estén en poblaciones diferentes.

---

[1] http://www.seis.es

[2] El diccionario de la RAE define ofimática como "Automatización, mediante sistemas electrónicos, de las comunicaciones y procesos administrativos en las oficinas". Ejemplos de software ofimático son Microsoft Office, OpenOffice o Google Docs.

Control de pacientes en cuidados intensivos.

Es común disponer de un ordenador controlando las constantes vitales de un paciente ingresado en la Unidad de Cuidados Intensivos. La computadora analiza datos como el ritmo cardiaco o la actividad cerebral. En el momento en que detecta una anomalía de los mismos, puede avisar al personal de guardia mediante un sistema de alarma. Incluso ya existen computadoras "inteligentes" que tras un proceso de "entrenamiento" son capaces de proporcionar ayuda al médico en la toma de decisiones relativas al diagnóstico o al tratamiento a seguir en función de la evolución de la enfermedad del paciente.

Pruebas analíticas.

En la actualidad, los análisis clínicos los realizan máquinas controladas por ordenador. La computadora debe programarse según el tipo de información que se desee obtener de la prueba analítica. Los resultados pueden ser incluidos directamente en la historia clínica del paciente e incluso analizados por el propio sistema inteligente. La intervención humana en este proceso ha quedado reducida a la mínima expresión. La inclusión de los resultados directamente en la historia clínica del paciente, agiliza su tratamiento y acceso por parte del personal sanitario.

Tomografía computarizada (TC), Resonancia Magnética Nuclear (RMN) y otras pruebas diagnósticas.

La tomografía computarizada, la resonancia magnética, la tomografía por emisión de positrones (PET) o la tomografía por emisión de fotones (SPECT o SPET) son herramientas que facilitan el diagnóstico mediante la generación de imágenes de mayor calidad que las que proporcionan otras técnicas más convencionales (radiografía, por ejemplo). Estas técnicas, con distintos principios físicos para la obtención de las imágenes, consisten en general en tomar numerosas instantáneas de una zona del cuerpo desde distintos ángulos y combinarlas adecuadamente para formar una imagen digital que puede ser tratada para reconstruir la zona de estudio de manera tridimensional. El proceso de adquisición y tratamiento de las imágenes está totalmente controlado y automatizado gracias al uso de ordenadores, como lo está la inclusión directa en la historia clínica y su disponibilidad desde cualquier lugar y a cualquier profesional.

Tratamiento y análisis de imágenes médicas.

Una de las aplicaciones más relevantes de las computadoras en Medicina tiene que ver con el análisis y el tratamiento de imágenes con fines diagnósticos o de investigación. Existen programas especialmente diseñados para extraer la información "oculta" a simple vista contenida en una imagen médica. Permiten, por ejemplo, realizar estudios morfométricos (factor de forma, perímetro o tamaño) y densitométricos (color o nivel de gris).

Existen, también, aplicaciones que permiten generar representaciones tridimensionales a partir de imágenes bidimensionales. Esta técnica puede ser útil, por ejemplo, para determinar la distribución y orientación espacial de un determinado órgano en el conjunto de la anatomía humana.

Educación médica.

Las computadoras son herramientas capaces de procesar, almacenar, y transmitir información en numerosos formatos: texto, sonido, imagen o vídeo. Por ello, cada día se utilizan más como herramienta educativa. Además, las posibilidades que ofrecen las TIC e Internet en el proceso de enseñanza-aprendizaje han abierto nuevas vías de comunicación y plataformas de educación a distancia (e-learning). Aunque su aplicación en este sentido es generalizable a cualquier disciplina, se hace particularmente importante en la Medicina.

Telemedicina.

Una aplicación de los ordenadores en la comunicación y la colaboración en Medicina es la Telemedicina que consiste en proveer servicios de cuidado de la salud a los ciudadanos en aquellos lugares en los que no es factible el desplazamiento de un médico o la instalación de un servicio de atención médica permanente o semanal, también para atender urgencias de manera remota, compartir información, etc. En este sentido se está extendiendo la Teleconsulta o consulta clínica llevada a cabo a distancia a través de sistemas de telecomunicaciones. Para más información vea el Módulo correspondiente más adelante.

Comunicación y colaboración.

Gracias a las redes locales o a Internet, la información es fácilmente distribuida o puesta a disposición de profesionales en cuestión de minutos, independientemente de su ubicación, permitiendo la colaboración, la puesta en común y la discusión.

Inteligencia Artificial en Medicina.

El sueño de un sistema informático capaz de ayudar, o incluso sustituir, al médico en la toma de decisiones o en la prescripción de tratamientos se remonta a mediados del siglo XX con el origen de los primeros ordenadores.

En los últimos años, se han desarrollado programas de inteligencia artificial que permiten realizar diagnósticos y recomendar tratamientos, reciben el nombre de sistemas de toma de decisiones médicas. Se ha evolucionado desde los primeros sistemas probabilísticos y puramente estadísticos a programas basados en modelos simbólicos de patología y su relación con características del paciente y sus síntomas. Ayudan en la prescripción de medicamentos, en laboratorios y en circunstancias donde el tratamiento depende del análisis de un gran número de datos como puede ser en las Unidades de Cuidados Intensivos.

Un grupo importante de programas, cuyo funcionamiento es diferente al de los sistemas de toma de decisiones médicas o de inteligencia artificial, son los sistemas expertos que se basan en el conocimiento clínico de una determinada tarea y que son capaces de llegar a conclusiones razonadas a partir de los datos de pacientes individuales.

Aplicaciones de los sistemas inteligentes en Medicina.

La utilización de este tipo de sistemas en el medio clínico se está extendiendo lentamente, en muchos casos frenada por las reticencias de muchos especialistas a usar este tipo de tecnología o a su falta de formación. No obstante ya existe un gran número de sistemas de toma de decisiones que se utilizan de manera rutinaria en el medio clínico.

Otros sistemas que ayudan mediante alertas y recordatorios, son los sistemas de monitorización inteligente, que pueden avisar en tiempo real ante cualquier cambio en el estado de un paciente. No sólo eso sino que también pueden analizar los resultados de una analítica y avisar de las posibles alteraciones, bien por pantalla o bien enviando un correo electrónico o incluso, incluyéndolo directamente en la historia clínica digital.

Los sistemas expertos son muy útiles ante enfermedades poco frecuentes o raras en las que la carencia de experiencia por parte del personal sanitario, puede pasar por alto un diagnóstico poco probable.

Otra aplicación de los sistemas inteligentes son los sistemas de toma de decisiones en la prescripción de medicamentos, ayudando al personal sanitario a prevenir interacciones adversas entre fármacos, calcular dosis o avisar de posibles contraindicaciones o alergias. Este tipo de sistemas ya se integran en los programas de gestión de las historias clínicas.

Además, estos programas, ante una decisión o solución propuesta a un problema, también ofrecen la posibilidad de recuperar información que permite apoyar una determinada decisión médica basándose en evidencias, bibliografía, publicaciones científicas, etc.

También se dispone de sistemas de reconocimiento de imagen e interpretación y, en contra de lo que podría imaginarse, no sólo son capaces de identificar problemas en imágenes sencillas, sino que ofrecen resultados sorprendentes en imágenes complejas, ayudando al médico en su revisión sistemática que, por su frecuencia, pueden provocar que el médico pase por alto algún detalle importante.

Lógicamente, estos programas disponen de sistemas de realimentación que mejoran su efectividad pero que también favorecen la formación del personal sanitario. Así, también se han desarrollado sistemas de diagnóstico con fines educativos.

Por último, la utilización de sistemas expertos para el tratamiento de información de laboratorio es una de las aplicaciones que más éxito han demostrado ya que analizan todos los parámetros de una analítica y pueden diagnosticar o avisar al personal sanitario ante alguna anomalía.

Las ventajas de la aplicación de estos sistemas se han demostrado en numerosos estudios consiguiendo una mejora sustancial de la seguridad del paciente, la reducción de los errores en la prescripción de fármacos y el incremento de la calidad en el cuidado.

Objetivo 3

Utilizar un sistema operativo de entorno gráfico por ventanas.

¿Qué es el sistema operativo de un ordenador?

El **sistema operativo** es un conjunto de programas y algoritmos que controlan el funcionamiento del hardware de un sistema informático ocultando sus detalles, ofreciendo al usuario una vía sencilla y flexible de acceso a la computadora. Por tanto es parte del software del ordenador. Si no existieran los sistemas operativos, tendríamos que manejar nuestras máquinas utilizando su propio idioma "de unos y ceros". Una operación tan sencilla como mover un archivo de un sitio a otro dentro del disco duro, supondría miles de unos y ceros. El sistema operativo nos facilita el manejo del ordenador, utilizando un entorno más o menos intuitivo, de ventanas o de comandos.

El sistema operativo, además de facilitarnos el manejo de los diferentes componentes de nuestro equipo informático, es el encargado de gestionar los recursos del sistema, esto es, memoria, tiempo de procesamiento, discos duros, etc. Actualmente los sistemas operativos disponibles no incluyen únicamente las instrucciones que nos permiten manejar nuestro hardware de manera sencilla, sino que suelen incluir una serie de aplicaciones que nos permiten editar texto, reproducir música, video, navegar por Internet, etc. Estas aplicaciones forman parte del sistema operativo con lo que amplían la definición antes formulada.

Existen dos grandes tipos de sistemas operativos: los basados en líneas de comandos (MS-DOS, Linux o UNIX), en desuso, y los sistemas operativos de entorno gráfico (Windows, Linux o Mac-OS). Los primeros permitían al usuario controlar la máquina mediante comandos que se escriben mediante el teclado en la denominada *línea de comandos* o *terminal*. Esto requería, por parte del usuario, la memorización de un gran número de instrucciones y el conocimiento de un lenguaje específico. Este tipo de sistemas operativos son cada vez menos utilizados debido a la complejidad de sus órdenes y al esfuerzo que exige recordarlas. Los sistemas operativos de entorno gráfico son aquellos que permiten ejecutar comandos de una forma gráfica mediante el uso del ratón o de otro dispositivo.

Hasta hace poco, todos los sistemas operativos tenían una cosa en común y es que se debían instalar localmente en el disco duro de la computadora para poder ser utilizados. Parece lógico, ¿no? Pues muchas compañía no lo ven tan lógico y el "cloud computing" se va haciendo un hueco en nuestras vidas cada día que pasa. Al almacenamiento "en la nube", esto es, en servidores de Internet, ofrecidos por ejemplo por Apple con su iCloud, Microsoft y su SkyDrive, Google y su Google Drive o sistemas como Dropbox, le han seguido aplicaciones "en la nube" como Google Docs o la versión 2013 de Microsoft Office, y cómo no también sistemas operativos que se ejecutan en servidores de Internet como EyeOS de programación española o Google Chrome OS. Estos sistemas ofrecen almacenamiento seguro de forma que no debamos preocuparnos por una pérdida local de los datos, aunque en algunos casos, sobre todo los servicios gratuitos, ofrecen clausulas y condiciones de uso que se deben leer atentamente para conocer qué derechos adquieren sobre tus datos las compañías que ofrecen el servicio.

El precio de los sistemas operativos oscila entre los 120 y los 4500 € de Windows y desde 0 € de Linux. La diferencia entre los sistemas operativos de Microsoft y las diferentes distribuciones de Linux (Ubuntu, Slax, Molinux, etc.) es que estos últimos pertenecen a lo que se conoce como **software libre**. El caso de Mac-OS de Apple sería, al igual que Windows de Microsoft, **software propietario**, distribuido bajo licencia.

El **software libre**, a diferencia del software propietario, es de libre distribución y copia y, en la mayor parte de los casos, gratuito, se basa en la idea de Richard Stallman: el **proyecto GNU**[3]. No es simplemente una idea restringida a los sistemas operativos, sino que es toda una filosofía de entender la informática como algo colaborativo, libre, que pertenece a sus autores pero que está disponible para que cualquiera pueda utilizarla, mejorarla y distribuirla… sin necesidad de venderla o comprarla. El servicio de salud de la Comunidad Autónoma de Castilla – La Mancha (SESCAM) está desarrollando proyectos basados en Linux, más económico y estable y, por tanto, de código abierto (el código de programación también es accesible y puede ser utilizado y copiado libremente). El texto que tiene en sus manos se distribuye bajo Licencia Creative Commons (ver contraportada), basada en la misma filosofía de compartir el conocimiento y la creatividad de forma libre.

¿En qué consiste este objetivo? Objetivo de habilidades.

A continuación se proponen una serie de habilidades. El lector habrá alcanzado el objetivo cuando sea capaz de realizar las acciones que se proponen.

Se presenta una forma de realizar las acciones más importantes y más frecuentes en dos sistemas operativos: Microsoft Windows 7 (W7) y Linux Ubuntu (LU). ¿Por qué Windows 7? Nos guste o no, todavía los sistemas operativos de Microsoft son los más utilizados, si bien Mac OS ha incrementado su penetración de forma increíble en los últimos años, todavía, al menos en España, sigue siendo minoritario. No obstante también se ofrecen todas las operaciones y objetivos propuestos mediante Linux Ubuntu con el fin de proporcionar opciones de software libre. Hay otras muchas distribuciones de Linux, pero creemos que Ubuntu o Slax podrán satisfacer las necesidades de cualquier usuario, no avanzado, sin demasiadas complicaciones.

1.- Encender, apagar, y reiniciar el ordenador.

Cuando se enciende o se apaga el ordenador, el sistema operativo realiza una serie de operaciones que son necesarias para conservar la integridad del sistema. Por ello, es imprescindible realizar un apagado correcto de la computadora a través de: Inicio → Apagar en W7 y a través del botón específico de la barra de tareas de LU.

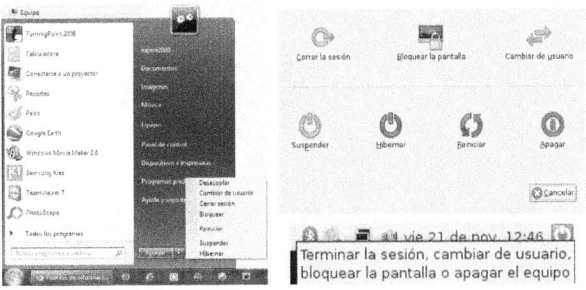

Figura 1.2. Cómo apagar el sistema. W7 (izquierda) y LU (derecha).

---

[3] http://www.gnu.org/

2.- *Iniciar y cerrar una sesión de usuario.*

Los sistemas operativos permiten crear diferentes usuarios (a través del "Panel de control" en W7 o de "Administración" en LU) para que disfruten de características diferentes: aspecto del escritorio, programas, etc. No hace falta apagar el sistema para cambiar de usuario. En W7 desde Inicio → Apagar, podemos seleccionar el cierre de la sesión, de manera similar, en LU a través del botón específico. Ambos sistemas permiten el inicio de una nueva sesión con un nombre de usuario diferente. También se permite "reiniciar" el equipo de manera automática o "suspender" el equipo, lo que reduce el consumo de energía del sistema al mínimo, pudiendo volver al lugar donde estábamos trabajando sin necesidad de iniciar el equipo desde cero.

3.- *Utilizar las opciones del menú Inicio de la barra de tareas y la barra de acceso rápido.*

W7 cuenta con el menú Inicio, que contiene accesos directos a las diferentes aplicaciones del sistema operativo o instaladas en el sistema. Podemos ordenar su contenido simplemente haciendo clic y arrastrando con el ratón.

Figura 1. 3. Menú inicio de W7.

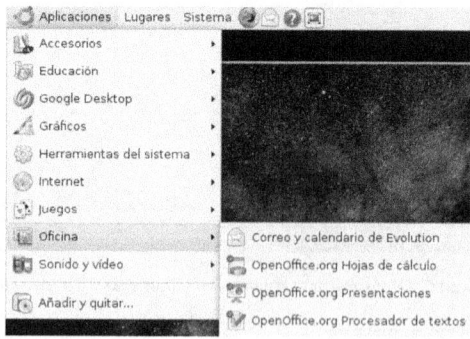

Figura 1.4. Aplicaciones en LU.

En LU encontraremos tres opciones: "Aplicaciones", "Lugares" y "Sistema", que nos permitirán acceder a las aplicaciones instaladas, a las diferentes unidades de almacenamiento y de red y a la configuración y personalización del sistema, respectivamente. Su aspecto puede modificarse mediante la opción disponible en "Preferencias".

En ambos sistemas operativos también podemos acceder de manera que se vean las carpetas y así permitir su personalización, haciendo clic con el botón derecho del ratón sobre le botón inicio y accediendo a "abrir" o "explorar" en W7. En LU pulsando en "Editar los menús" a través de "Sistema". Esto nos permite crear carpetas, copiar y ordenar los diferentes enlaces para un acceso más sencillo.

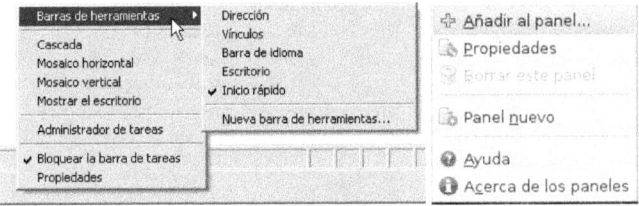

Figura 1.5. Añadir barras de herramientas o panales. W7 (izda) y LU (dcha).

W7 cuenta con una única barra de tareas por defecto en la barra inferior que aparece en el escritorio, no obstante podemos colocarla donde más nos guste haciendo clic y arrastrándola. Esta barra además de contener el botón Inicio, el reloj y una serie de iconos de otros procesos como el volumen, permite la posibilidad de mostrar otras barras, como la barra de Inicio rápido. LU permite, no sólo tener diferentes barras de tareas sino además, tener varios escritorios donde ejecutar diferentes tareas. En ambos casos podemos colocar accesos directos a programas que utilizamos con frecuencia, para ello podemos arrastrar el acceso directo sobre barra de tareas que elijamos o eliminar el acceso haciendo clic con el botón derecho del ratón sobre el enlace que queremos eliminar y pulsando "eliminar" en W7 y "Quitar del panel" en LU.

También nos permite pasar de una aplicación a otra pulsando sobre el área que la representa sobre la barra de tareas. Podemos configurar las preferencias de la barra de tareas haciendo clic sobre ella con el botón derecho del ratón y pulsando en "propiedades" o en "preferencias".

4.- Abrir y utilizar la ayuda.

Todos los sistemas operativos disponen de un sistema de ayuda, bien por áreas temáticas, bien ofreciendo la opción de búsqueda. La forma de acceso en los sistemas que nos ocupan, se presenta en la Fig. 1.7.

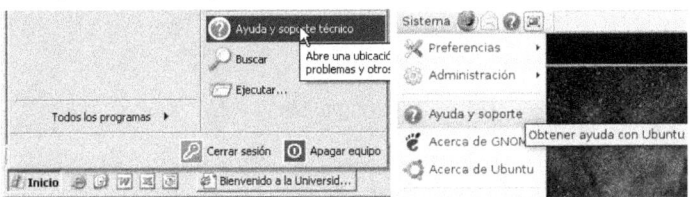

Figura 1.6. Acceso a la ayuda del sistema. W7 (izda) y LU (dcha).

Como se puede comprobar, la ayuda de ambos sistemas presentan una interfaz similar (Fig. 1.7 y 1.8).

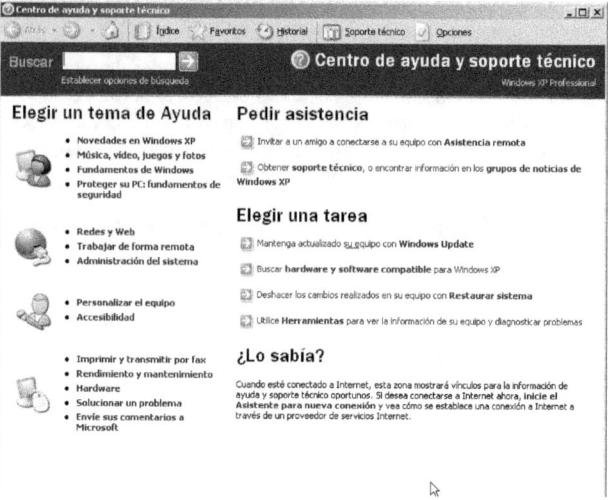

Figura 1.7. Aspecto de la ayuda de W7.

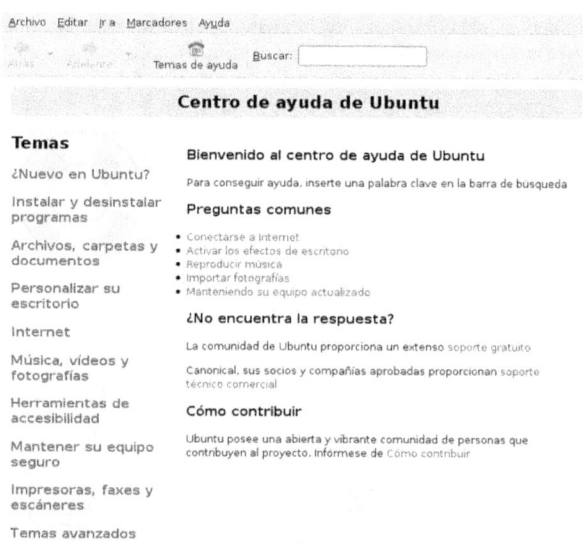

Figura 1.8. Aspecto de la ayuda de LU.

Otra ventaja de LU sobre W7 es la cantidad de foros y sitios en Internet que ofrecen ayuda on-line. LU al ser un sistema operativo colaborativo, se ha desarrollado basándose en la comunicación de miles de personas que han intercambiado sus conocimientos y aportaciones a través de foros. En el caso de Ubuntu existe una comunidad que ofrece ayuda inmediata a través de: http://www.ubuntu-es.org/ insertando un anuncio con la descripción del problema, aunque lo normal es que siempre alguien haya tenido el mismo problema antes que nosotros, por lo que primero, antes de escribir un tema nuevo, conviene hacer una búsqueda en los foros, así evitaremos ser regañados por parte de usuarios avanzados.

5.- Crear carpetas y archivos.

Podemos crear una carpeta o subcarpeta de manera sencilla haciendo clic con el botón derecho del ratón sobre el lugar donde queremos crearla. Del menú emergente que aparece, seleccionaremos la opción deseada. Lo primero que debemos hacer es poner un nombre a la carpeta recién creada. Podemos acceder a la carpeta haciendo doble clic sobre ella y podemos crear un "Documento de texto" de manera similar en su interior.

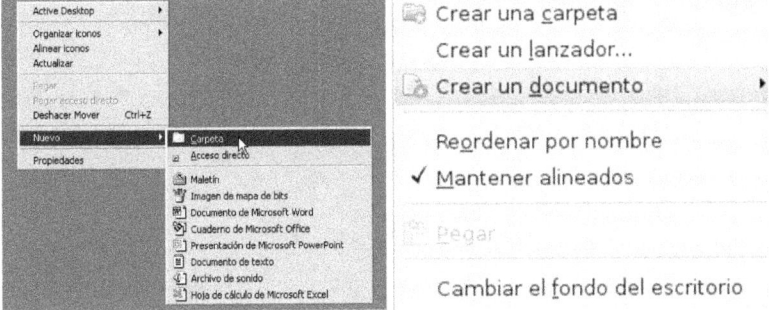

Figura 1.9. Crear una carpeta. W7 (izda) y LU (dcha).

6.- Crear un acceso directo o un lanzador.

Los accesos directos (en W7) o lanzadores (en LU) son enlaces a documentos, carpetas o programas que se ubican en otro lugar. No son el archivo, sólo una llamada para facilitarnos el acceso al mismo. Hay que tener cuidado porque a veces creemos estar copiando un archivo y lo que estamos copiando es el acceso directo que no contiene otra información del archivo que su localización real dentro del sistema.

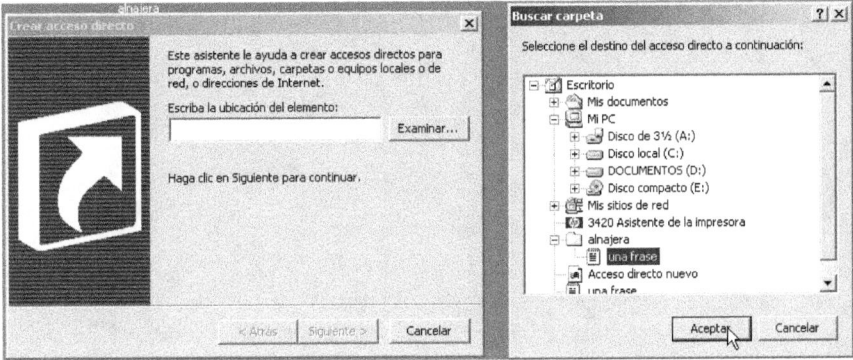

Figura 1.10. Crear un acceso directo en W7.

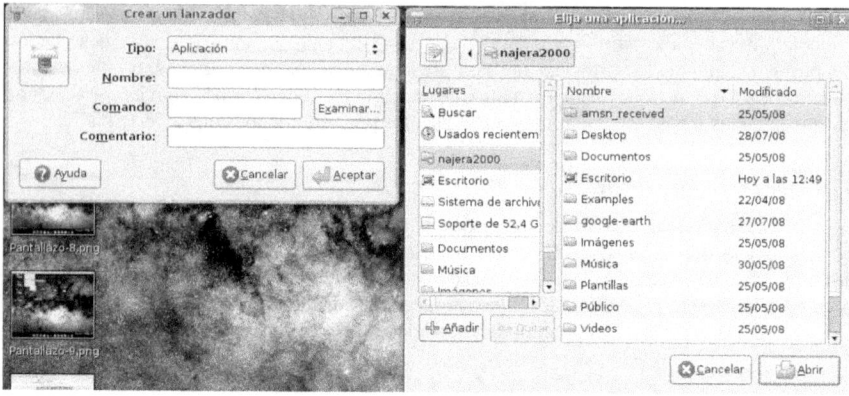

Figura 1.11. Crear un lanzador en LU.

Visto así parece poco útil, pero piensa en un documento o carpeta que tengas en una ubicación un tanto rebuscada y a la que accedas con frecuencia. Un lanzador o acceso directo te permitirá acceder a él de manera rápida.

7.- Acceso a las diferentes ubicaciones del sistema.

Tanto W7 como LU incorporan una herramienta para explorar y acceder a las diferentes carpetas del sistema. Bien abriendo una carpeta o ubicación a través de "Mi PC" en W7 o a través del menú "Lugares" de la barra de tareas en LU.

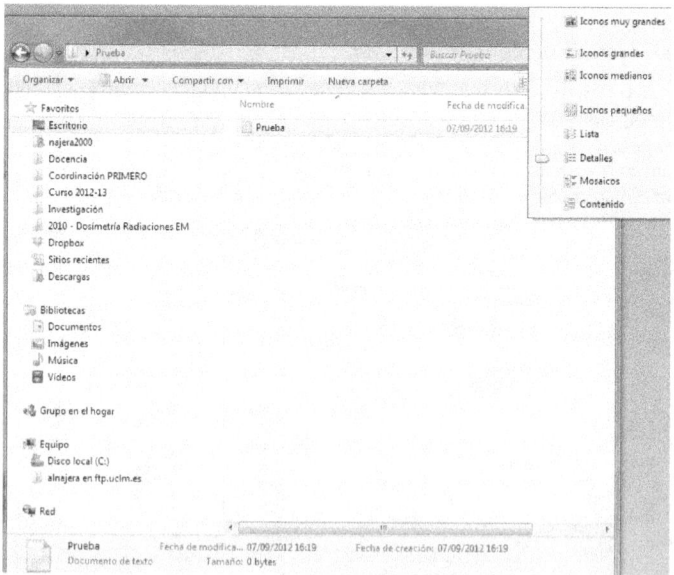

Figura 1.12. Aspecto de una carpeta en W7.

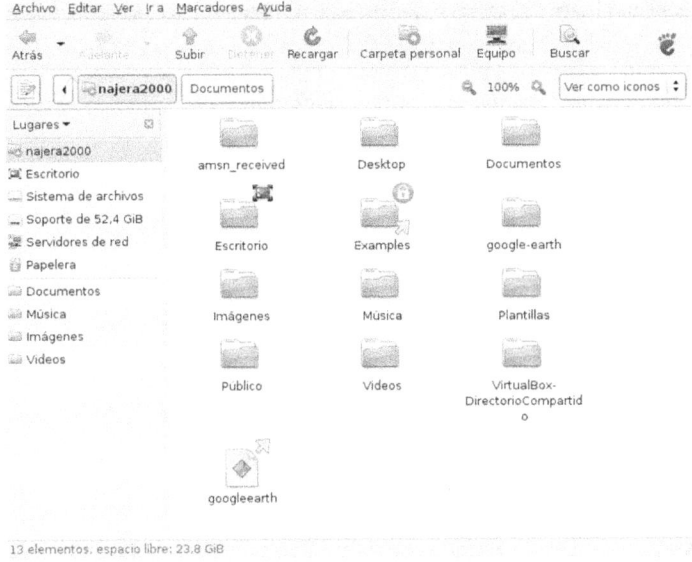

Figura 1.13. Aspecto de una carpeta en LU.

8.- Copiar o mover archivos y carpetas de un sitio a otro.

Es importante saber la diferencia entre "copiar" y "cortar", ambos comandos están disponibles en el menú contextual que aparece al hacer clic con el botón derecho del ratón sobre un determinado elemento. La primera opción genera una copia, la segunda cambia la ubicación del objeto.

9.- Eliminar y recuperar archivos utilizando la papelera de reciclaje.

Cuando eliminamos un archivo o carpeta mediante el botón derecho del ratón y "Eliminar" o "Mover a la papelera" o bien con el botón "Supr" del teclado, no se borra de manera permanente, sino que se mueve a la "Papelera de reciclaje" situada en el Escritorio o en la barra de tareas.

Figura 1.14. Aspecto de la papelera de reciclaje. W7 (izda) y LU (dcha).

Podemos acceder a la papelera de reciclaje y recuperar el archivo/carpeta haciendo clic con el botón derecho del ratón sobre el elemento a recuperar y seleccionar "Restaurar" o mover el elemento a la ubicación deseada.

De vez en cuando es conveniente vaciar la papelera para liberar espacio en disco y eliminar de manera permanente los documentos/carpetas que se encuentran en su interior.

Para ello podemos hacer clic con el botón derecho del ratón sobre el icono de la papelera del escritorio y seleccionar "vaciar papelera de reciclaje".

10.- Buscar archivos por nombre desde el explorador.

Es muy frecuente que el usuario no ponga nombres a sus archivos o bien los guarde sin mirar donde los está colocando... conclusión... los pierde. No obstante todos los sistemas operativos proporcionan herramientas que permiten buscar en las diferentes unidades del sistema. Para acceder a esta utilidad se puede hacer mediante el enlace del "botón Inicio" o del menú "Lugares". Estos métodos de búsqueda permiten localizar un documento a través del nombre del archivo o bien por el tipo de archivo, o bien "con el texto".

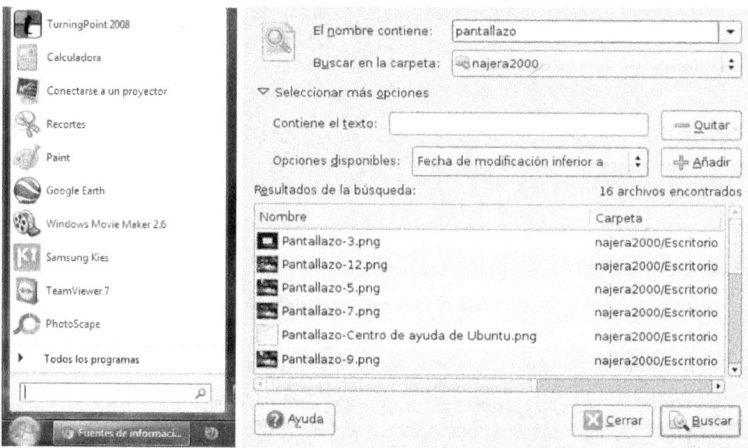

Figura 1.15. Búsquedas. W7 (izda) y LU (dcha).

Mediante las "Opciones Avanzadas" podemos definir criterios de búsqueda por tamaño o por fecha de creación o modificación. A lo mejor no sabemos cómo se llama el archivo que estamos buscando, pero sí cuando lo creamos o modificamos.

Una utilidad gratuita que funciona muy bien es Google Desktop que permite hacer búsquedas dentro de nuestro propio equipo pero en el contenido del archivo, además permite buscar en documentos, mensajes, imágenes, etc. Esta utilidad está disponible tanto para W7 como para LU a través de: http://desktop.google.com/.

Figura 1.16. Google Desktop.

11.- Compartir recursos (unidades de disco, archivos, y carpetas) a través de la red.

Una de las utilidades más importantes de las redes de ordenadores es la posibilidad de compartir información. Podemos compartir carpetas o unidades completas con otros usuarios de la red.

Si hacemos click con el botón derecho del ratón y vamos a "Propiedades" en la pestaña "Compartir" encontramos todas las opciones.

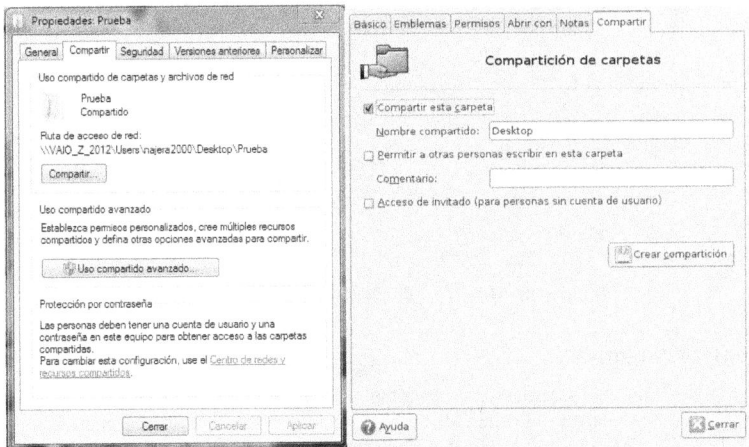

Figura 1.17. Compartir recursos. W7 (izda) y LU (dcha).

Una vez compartida, la carpeta muestra una mano ( ) indicando que es accesible a través de la red. Para acceder a la red, debemos utilizar el icono "Entorno de Red" para localizar los diferentes equipos de la red y las diferentes carpetas compartidas que puedan contener.

Existe una aplicación llamada Samba en LU que nos permitirá mezclar unidades de LU y de W7. Su manejo se escapa a los propósitos del presente texto, por lo que recomendamos que, para más información, se acuda a los Foros de Linux en los que se encontrará amplia documentación.

12.- Instalación de aplicaciones.

En general la instalación de aplicaciones en los diferentes sistemas operativos se ha ido simplificando con el paso del tiempo. En la actualidad lo normal es que los programas proporcionen un archivo ejecutable que permite su instalación. No obstante en Linux, al tratarse de software libre y abierto, existe la posibilidad de acceder al código de las aplicaciones y compilarlo para poder ejecutarlo. Esta operación se está facilitando mediante el uso de programas instaladores que simplifican al máximo cualquier instalación. Hasta el punto de que en la actualidad existe una herramienta llamada "Gestor de Paquetes Synaptic" (Sistema→Administración) donde se pueden encontrar la mayor parte de los programas disponibles para Linux. Sólo hay que buscarlo, seleccionarlo, indicar que se quiere instalar y aplicar los cambios. El sistema descargará el programa de Internet y sus actualizaciones de manera sencilla. En esta aplicación encontraremos infinidad de aplicaciones completamente gratuitas.

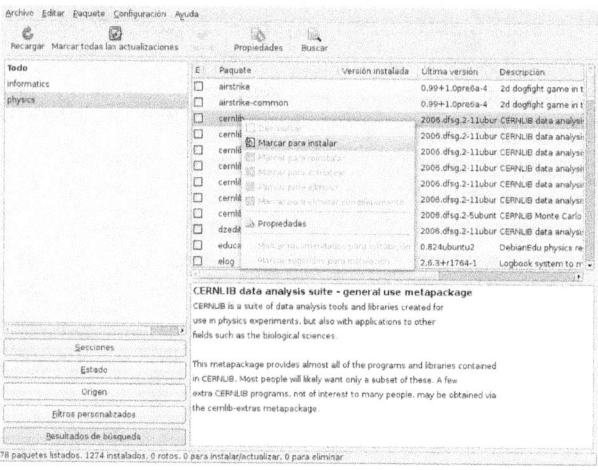

Figura 1.18. Gestor de Paquetes Synaptic de LU.

13.- Copias de seguridad.

La pérdida de información contenida en un sistema informático es demasiado frecuente, ya sea por fallos del ordenador o bien por error del usuario (normalmente por esta última). Por ello, tener una copia de los documentos/archivos en otro lugar, que no sea el propio ordenador, es una práctica sana y que seguro nos salvará de más de un disgusto. A este tipo de copias se las denomina **copias de seguridad**.

Existen aplicaciones específicas (muchas gratuitas) para realizar copias de seguridad de manera automática, por ejemplo Polder Backup o Cobian, descargables desde http://www.softonic.com. Mi recomendación es disponer de al menos 3 copias de seguridad, siempre alguna de ellas, a poder ser, en otro edificio u otro lugar. También es útil utilizar la capacidad que ofrecen algunos proveedores de correo, para guardar en nuestras cuentas, copias de los archivos más importantes, enviándonoslos nosotros mismos. Otra opción interesante es http://www.getdropbox.com o cualquier aplicación de almacenamiento en la nube como "Microsoft Skydrive" o "Google Drive".

14.- Desinstalación de aplicaciones.

Lo normal es que las aplicaciones proporcionen un programa de desinstalación que normalmente es accesible a través de la carpeta correspondiente en el menú Inicio. A veces esto no ocurre y en W7 deberemos acceder a "Panel de Control" y a "Instalar y desinstalar programas" para su desinstalación.

En el caso de LU, podremos utilizar el "Gestor de Paquetes Synaptic" para desinstalar aplicaciones con total seguridad.

15.- Mantener el sistema actualizado.

Tanto W7 como LU proporcionan actualizaciones automáticas del sistema. En el caso de LU, además se actualizarán los programas que tengamos instalados.

En W7 a través del "Menú Inicio", "Programas" encontrarás un acceso a "Windows Update". En LU esta opción está en "Sistema", "Administración", "Gestor de actualizaciones". Además periódicamente ambos sistemas, a través de avisos en la barra de tareas, lanzan actualizaciones automáticas.

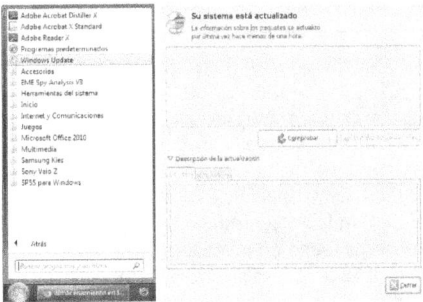

Figura 1.19. Actualización del sistema. W7 (izda) y LU (dcha).

Para actualizar el sistema seguiremos los pasos que aparecen en pantalla, prestando mucha atención a la información que nos facilita la aplicación.

16.- Personalización del sistema.

Ambos sistemas operativos permiten personalizar su aspecto. El caso de LU es, podríamos decir, extremo. LU facilita la personalización de prácticamente todos los elementos de la interfaz (en algunas distribuciones puede incluso llegar a ser exagerado). Además existe una aplicación denominada Beryl instalable a través del "Gestor de paquetes Synaptic" que permite animar de manera muy llamativa muchas de las acciones del sistema. En la imagen se muestra el cambio de escritorio mediante Beryl en 3D.

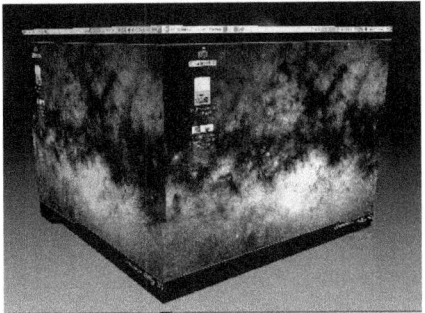

Figura 1.20. Entorno Beryl en LU.

> **NOTA FINAL: Estas acciones y sus indicaciones no pretenden ser absolutamente aclaratorias. Se recomienda al lector que utilice la ayuda del sistema. La informática se aprende usándola. Antes de terminar, pregúntate si eres capaz de reproducir las acciones propuestas.**

Objetivo 4

> Describir, de forma general, el funcionamiento de Internet como vía de comunicación de la información médica. Conocer los diferentes tipos de conexiones a Internet.

¿Qué es Internet?

Podríamos definir **Internet** como un sistema o un consenso internacional para permitir el intercambio de información entre dispositivos capaces de procesar información conectados, independientemente del lugar donde se hallen ubicados y del sistema operativo que utilicen, mediante protocolos especiales de comunicación. La RAE define Internet como: "Red informática mundial, descentralizada, formada por la conexión directa entre computadoras u ordenadores mediante un protocolo especial de comunicación" una vez más limita únicamente Internet al uso de ordenadores cuando en la actualidad casi hasta una yogurtera tiene acceso a Internet.

Internet no es algo tangible como uno o varios superordenadores encargados de gestionar toda la información, sino que realmente es una inmensa red de redes de ordenadores. Su grandeza radica en su filosofía, que podría resumirse en las siguientes palabras: "si tienes información de interés, compártela con los demás". Esta filosofía basada en la plena libertad, se está viendo coaccionada por grandes empresas y ciertos gobiernos que la controlan y censuran e intentos de legislar a nivel mundial como el proyecto ACTA[4].

En la actualidad[5] el 64% de los hogares españoles cuenta con acceso a Internet, por debajo de la media europea del 73% (Suecia con el 94%, Países Bajos y Dinamarca con el 91% encabezan la lista). El 29% de la población española nunca se ha conectado a Internet. En cambio España está a la cabeza del uso de *smartphones* con una penetración del 44%.

Para acceder al "cable" de la gran red de redes desde nuestros hogares, existen empresas, proveedores de servicios de Internet o ISP de sus siglas en inglés, que proporcionan acceso a través de los cables que tenemos en casa, por ejemplo el del teléfono o el de la luz. Gracias a los MODEMS (dispositivo que transforma la información digital en información transmisible) podemos acceder a estos servicios. Existen infinidad de dispositivos que permiten el acceso a Internet, por ejemplo desde el teléfono móvil a través de servicios WAP, GPRS, UMTS, etc., desde una tableta o las ya en desuso agendas PDA o, lógicamente, desde un ordenador personal. Todos estos sistemas pueden utilizar formas diferentes de acceso a la red. En el caso del teléfono es la propia compañía de telefonía móvil la que da el servicio, en el caso de un ordenador personal en casa o una empresa, el acceso se puede realizar, como se ha indicado, de muy diversas formas como son el acceso RTB, RDSI, ADSL, PLC, cable, etc. que se desarrollan a continuación.

En Internet existen agencias (por ejemplo http://www.w3.org) que se encargan de establecer los protocolos de comunicación de determinados servicios, pero en general Internet no está gobernado por nadie. Ha sido el deseo de sus usuarios de compartir su información lo que ha producido su expansión.

Internet crece día a día, no sólo en tamaño sino también en cuanto al número de servicios que ofrece. Internet no son sólo páginas web que vemos mediante un navegador;

---

[4] http://es.wikipedia.org/wiki/Acuerdo_Comercial_Anti-Falsificaci%C3%B3n

[5] Ministerio de Industria. Septiembre de 2012.

existen infinidad de servicios que son los que verdaderamente hacen de esta red una herramienta indispensable actualmente en muchos trabajos. Un ejemplo de servicio ofrecido por Internet, y su principal impulsor, fue el correo electrónico (e-mail), tras el que se desarrollaron TELNET (herramienta para utilizar ordenadores remotos desde un terminal), FTP (File Transfer Protocol, herramienta capaz de importar archivos de un ordenador remoto a nuestro ordenador, similar al P2P (peer to peer) o redes de intercambio. En los últimos años se ha desarrollado enormemente la World Wide Web (amplia telaraña mundial o Red Global Mundial), www o el/la Web; una herramienta que permite el acceso a documentos interactivos multimedia, con texto, imágenes, sonido o vídeo, las conocidas páginas web, mediante enlaces de hipertexto. Para cada una de las utilidades comentadas, existen programas específicos. No obstante el increíble desarrollo de la "web" (hay quien prefiere "el" web) y de sus protocolos de intercambio de información, permite que podamos acceder al correo electrónico o realizar transferencias de archivos a través de la misma aplicación, utilizando un visor de páginas web o **navegador** como Firefox, Internet Explorer, Opera o Google Chrome.

Es difícil reconstruir la historia del nacimiento de Internet ya que fue la consecuencia de una serie de hechos en diferentes momentos de la segunda mitad del siglo XX. La primera red de ordenadores data de los años 60 cuando en plena guerra fría, los servicios de defensa de EEUU construyeron una red descentralizada con el fin de que si se producía un ataque al sistema, sólo se dañara el ordenador que recibiera el ataque. Este sistema no necesitaba de un ordenador "jefe", estaba descentralizado. Esta red primitiva se llamaba ARPANET y fue el embrión de lo que hoy conocemos como Internet, comenzando con 4 ordenadores, después se amplió a 40 y poco a poco llegó hasta lo que conocemos hoy en día. Inicialmente únicamente existía el correo electrónico, TELNET y FTP. En 1974 se estableció por consenso cual debía ser la forma de transmitir la información entre dos ordenadores, naciendo los famosos IP (Internet Protocol) y TCP (Transmisión Control Protocol). Más adelante aparecieron el protocolo HTTP del World Wide Web (desarrollado en el CERN, un centro europeo de investigación de física, por sir Tim Berners-Lee[6] en 1990), o más modernos como el lenguaje JAVA. Desde 1994, estos estándares se desarrollan en el Consorcio World Wide Web o W3C (http://www.w3c.es).

Tipos de conexión a Internet.

Para poder acceder a esta red de ordenadores mundial desde casa o desde la oficina, debemos conectarnos a lo que antes llamé el "cable" de Internet. Para ello, empezaremos por el más sencillo el acceso a través de la RTB[7] ya en desuso, que consistía en conectarnos mediante la red de telefonía fija a una empresa que nos permita el acceso a Internet a través del cable del teléfono (esto suponía que cuando estábamos conectados, el teléfono estaba comunicando) y el ordenador trasmitía la información en forma de sonido audible, lo que hacía que la transferencia fuese sumamente lenta. Usaremos este tipo de acceso para enumerar de forma general los requisitos básicos para el acceso a Internet:

- 👋 Un **ordenador**. Cualquiera de los ordenadores que actualmente están a la venta, basta para establecer una conexión a Internet. Como se ha indicado el acceso es independiente del sistema operativo que utilicen.

---

[6] Esta idea se desarrolló sin que Tim la patentara o recibiera ningún tipo de contraprestación económica por ella una vez más apoyando la filosofía de que el conocimiento debe ser de la Humanidad.

[7] Red Telefónica Básica

☝ Un **módem**. Sistema encargado de transformar las señales digitales en señales transmisibles por la línea telefónica, en este caso, sonido.

☝ Una **línea telefónica** a la que conectar el ordenador a través del módem.

☝ Una **cuenta de acceso a Internet**, proporcionada por un proveedor de acceso a la red.

El acceso ADSL[8] utiliza la misma línea de teléfono, pero ofreciendo velocidades mucho más elevadas y permitiendo la transmisión de datos y voz al mismo tiempo. Los requisitos de acceso ADSL son iguales, la única diferencia es que se necesita un módem especial (normalmente un "router" que permite la conexión de varios ordenadores) y darse de alta en alguna de las empresas que ofrecen el servicio para obtener una cuenta de acceso. Lo normal es que se ofrezcan tarifas planas, algunas empresas cobran por información transmitida o por franjas horarias. Existe una gran variedad de tarifas.

Otro acceso disponible en el mercado es a través de la conexión RDSI[9] o de líneas dedicadas (T1). Existen formas como el acceso a través de cable de fibra óptica (como por ejemplo el ofrecido por ONO) o a través de los enchufes de electricidad de la casa (acceso PLC[10]). Los requisitos son equivalentes a los del acceso RTB o ADSL, lo único que cambia es el tipo de cable que se utiliza para realizar el enlace y por tanto el módem que debe transformar la información en señales capaces de ser transmitidas por el cable, ya sea una fibra óptica o la red eléctrica.

El acceso desde una facultad o un hospital es algo diferente. Los ordenadores de una empresa se encuentran conectados en red (no es necesario un nombre de usuario o cuenta de acceso para un determinado equipo), en particular las universidades y los centros de investigación españoles forman parte de RedIRIS (http://www.rediris.es). En este caso, el dispositivo que conecta el ordenador a la red no se denomina módem sino tarjeta de red, y cuya finalidad es la misma, transformar la información del ordenador en señales transmisibles por un determinado cable.

El acceso WiFi[11] es un acceso inalámbrico, en este caso no hay cable, pero hace falta una tarjeta especial que transforme la información del PC o dispositivo electrónico en información transmisible a través de esta red inalámbrica. El módem puede ser sustituido por un router inalámbrico que ofrece cobertura en una vivienda, por ejemplo. Actualmente la UCLM y muchas universidades en todo el mundo, ofrecen el acceso a la red "eduroam" basado en un estándar mundial.

¿Qué es el World Wide Web (WWW)?

El World Wide Web (WWW o "la web") es la herramienta que supuso un cambio radical en la potencia de uso de Internet. Mediante esta herramienta es posible la transmisión de documentos multimedia, con texto, imágenes, sonido o video. La aparición de herramientas tales como los navegadores (el primero fue Mosaic, le han seguido otros como Netscape Navigator, Internet Explorer, Firefox, Chrome u Opera) extendieron de manera increíblemente rápida el uso de la red. Para ello se utiliza un lenguaje de programación específico el HTML (Hypertext Markup Language) y un protocolo de comunicaciones

---

[8] Asymmetric Digital Subscriber Line

[9] Red Digital de Servicios Integrados

[10] Power Line Comunication

[11] Wireless Fidelity

propio, el HTTP (Hypertext Transfer Protocol). Como se ha indicado anteriormente sir Tim Berners-Lee desarrolló esta herramienta en el CERN.

Las páginas que forman la Web están enlazadas mediante hipervínculos, lo que permite al usuario, con un simple clic, moverse de una página a otra o a un archivo multimedia que esté en ordenadores de Internet separados miles de kilómetros.

En los últimos años se ha desarrollado, lo que Tim O'Reilly bautizó en 2004 como, la Web 2.0. El desarrollo de comunidades de usuarios y una serie de servicios como las redes sociales, los wikis[12], los blogs, etc. han dejado olvidada una Web 1.0 estática (en HTML) y que se actualizaba más lentamente. Ahora la colaboración y el intercambio extremadamente fácil y ágil de información, ha dado lugar a esta segunda generación de la Web. Desde 2006 se habla de la futura Web 3.0, aunque no se ha definido exactamente, lo que si está claro es que refleja el desarrollo de la Web 2.0 hacia nuevas aplicaciones basadas en bases de datos, el acceso a información no necesariamente a través de un navegador o la inteligencia artificial.

El increíble desarrollo y expansión de las redes sociales[13] como Facebook o Twitter, Hi5, Tumblr, Google+, Orkut o Tuenti, otras profesionales como Linkedin, junto con el acceso móvil a Internet (así como los sistemas operativos móviles como iOS, Android o Windows), ha revolucionado y está revolucionando la forma en la que nos comunicamos e intercambiamos información y usamos Internet. Servicios como Whatsapp o Skype, o el almacenamiento y el procesamiento "en la nube" crecen día a día y su desarrollo y penetración dificultan la realización de cualquier tipo de predicción sobre lo que nos espera a corto y medio plazo.

Recursos para la búsqueda de información.

Se calcula que existen más de 367 millones de sitios Web[14] y un crecimiento diario difícil de determinar. El acceso a estos sitios, generalmente, se realiza mediante una dirección URL[15], aunque el concepto URI[16] es más general, se sigue utilizando el término URL. Una URL es una secuencia de caracteres, de acuerdo a un formato estándar, que se usa para nombrar recursos, como documentos e imágenes en Internet. La URL de la Universidad de Castilla – La Mancha es: http://www.uclm.es. Este concepto fue introducido por Tim Bernes-Lee en 1991 para permitir a los autores de documentos establecer hiperenlaces en la World Wide Web de una manera sencilla. En la actualidad la Corporación de Internet para la Asignación de Nombres y Números (ICANN por sus siglas en inglés), agencia internacional sin ánimo de lucro, se encarga de asignar las direcciones del protocolo IP, de los identificadores de protocolo, de las funciones de gestión del sistema de dominio y de la administración del sistema de servidores raíz.

---

[12] El término wiki fue introducido por Ward Cunningham y su origen está en la comunidad de patrones de diseño, y ha evolucionado hasta convertirse en cualquier sitio Web cuyas páginas son editables por el usuario a través de un navegador. El Wiki más grande que existe es la *Wikipedia* creada en 2001 por Jimbo Wales y Larry Sanger. Su fiabilidad es comparable a la de la mismísima *Encyclopaedia Britannica*, cualquier hecho histórico tarda menos de 24 horas en tener su entrada en esta enciclopedia y ha sido plagiada en alguna ocasión incluso por la Enciclopedia Espasa.

[13] Podemos definir una red social como un lugar donde sus usuarios comparten todo tipo de información.

[14] ICANN, diciembre de 2011.

[15] Uniform Resource Locator

[16] Uniform Resource Identifier

Pero, ¿qué pasa si no conocemos la URL de un *site* de Internet? Para resolver este problema, en Internet existen numerosos lugares en los que podemos realizar búsquedas mediante palabras clave y que probablemente alguno de ellos sea la página de inicio de tu navegador. Existen diferentes buscadores que clasifican y guardan la información de manera diferente. El usuario que sepa buscar lo que necesita, con una estrategia correcta, tendrá a su disposición innumerables fuentes de información, evitando resultados inútiles.

Si atendemos a la forma en la que guardan las direcciones en sus bases de datos, podemos diferenciar básicamente tres tipos de buscadores:

Motores de búsqueda: estos buscadores utilizan robots que rastrean la Web de manera automática clasificando las direcciones y organizándolas de acuerdo al texto que contienen y al texto de las páginas que las enlazan. Aunque ya en 1997 existían motores de búsqueda como Altavista, la aparición de Google en el 27 de septiembre de 1998 supuso una auténtica revolución en la Web. Es el buscador más utilizado en Internet (sólo le hace sombra en China el buscador Baidu[17]), en el que se realizan más de 200 millones de consultas al día. Se trata de una gran base de datos de páginas web que se ordenan según el "PageRank", una tecnología propia que ordena las páginas por relevancia. Esto lo consigue analizando el número de páginas que enlazan a otra y su contenido. Por tanto, una página a la que se dirigen muchos hipervínculos de otras muchas páginas, tendrá mucha más importancia que aquella que no recibe ningún enlace. Muchos buscadores han imitado la forma de organizar sus bases de datos de Google, o incluso su página de inicio, pero el algoritmo[18] de búsqueda de Google resulta mucho más eficiente que cualquiera de los usados por sus imitadores como Bing de Microsoft.

Índices o Directorios: Fueron los primeros sistemas de búsqueda en Internet, aunque actualmente estos directorios siguen existiendo, cada vez son menos utilizados. Es el caso de Yahoo o Excite (http://directory.excite.es/). El primero, que en los 90 fue el principal buscador de Internet a través de un directorio bien organizado, ha modificado su forma de búsqueda y su página de inicio en diversas ocasiones. Estos directorios requerían la acción del usuario o del creador de páginas web, quien daba de alta su dirección y la introducía en una de las categorías que proporcionaba el buscador, junto con otras muchas páginas de información similar. Podemos movernos por las diferentes categorías o directorios hasta encontrar lo que buscamos o bien realizar una búsqueda en su base de datos (mediante su propio motor de búsqueda). Cuanto más completa esté la lista y mejor ordenados estén los diferentes recursos, mayor será su utilidad, aunque estos directorios también rastrean de manera automática con el consiguiente riesgo de errar en la clasificación.

Metabuscadores: Son sistemas de búsqueda que no disponen de una base de datos propia. Para generar los resultados analizan las búsquedas que proporcionan otros buscadores y seleccionan aquellas páginas que, de acuerdo a un algoritmo, son consideradas más relevantes. Un ejemplo de metabuscador es Metacrawler que realiza búsquedas en Google, Bing y Yahoo (http://www.metacrawler.com).

Todos los buscadores disponen de una ayuda on-line o de secciones de preguntas frecuentes o FAQ[19]. En estas secciones se indican estrategias de búsqueda que mejorarán los

---

[17] http://www.baidu.com

[18] Conjunto ordenado y finito de operaciones que permite hallar la solución de un problema.

[19] Frequently Asked Questions.

resultados; es muy recomendable conocer cual es la mejor estrategia de búsqueda para cada buscador, ya sea motor, directorio o metabuscador.

Existen buscadores específicos para diferentes disciplinas, a partir de la página 333 del Pareras "Internet y Medicina" 3ª Edición, se puede encontrar un listado de buscadores médicos específicos en Internet. Además, Buscopio (http://www.buscopio.net) es un buscador de buscadores en cuyo directorio se indexan miles de buscadores por categorías.

Es importante recordar que, **en muchas ocasiones, la información accesible en Internet no tiene ningún rigor y no ha sido contrastada.** Debemos poner mucha atención al prestigio y a la seriedad de los lugares a los que accedemos, de manera que podamos determinar si la información que se incluye en una página web es fiable o no. **Como norma general, para usos científicos y profesionales no se pueden considerar como fuentes fiables, ni la prensa diaria ni las páginas personales,** incluso la información de asociaciones y empresas privadas ha de ser cuestionada. Siempre se debe procurar recoger información de organismos oficiales o de organizaciones de reconocido prestigio. Accede a esta URL: http://theflatearthsociety.org/ y encontrarás un ejemplo claro de información errónea en la red, pero piensa que en temas sobre los cuales no sepas nada... ¡te pueden engañar como a un pardillo!

Objetivo 5

> Conocer las principales aplicaciones de Internet en Medicina.

Aplicaciones actuales de Internet en Medicina.

La Medicina ha sido pionera en muchos campos del desarrollo tecnológico. Se ha beneficiado del desarrollo de la informática, y sin duda se beneficia del desarrollo de las telecomunicaciones a través de Internet. A continuación, se presentan algunos de los usos actuales y potenciales de Internet para los profesionales de la Salud.

Comunicación electrónica.

La comunicación entre profesionales de la medicina es fundamental para la práctica y el desarrollo de esta disciplina. Internet proporciona un sistema de comunicación entre profesionales que facilita enormemente el intercambio de información. A través de Internet se pueden enviar no sólo mensajes escritos (mediante e-mail), sino también imágenes o pruebas complementarias de los pacientes en busca de una eventual solución de casos clínicos.

Los programas de gestión de correo electrónico (por ejemplo Microsoft Outlook o Mozilla Thunderbird) son muy sencillos de utilizar, y permiten enviar y recibir mensajes hacia y desde cualquier parte del mundo, de forma prácticamente instantánea, privada y con un coste muy bajo en comparación con los medios de comunicación tradicionales. Además los programas de telefonía a través de la red (VoIP), como por ejemplo Skype, de mensajería instantánea como Messenger, desbancado actualmente por Whatssapp[20] o de videoconferencia en tiempo real, suponen una nueva manera de entender las comunicaciones entre los profesionales de la Salud.

Participación en debates y foros de discusión.

La difusión de la información es vital para el avance de la medicina. Internet ofrece a sus usuarios un sistema de difusión de la información, más aún, de debate, de impacto, mucho mayor que los sistemas tradicionales (como congresos, cursos o revistas especializadas).

Mediante los **newsgroups** o las **listserv** cualquier profesional de la medicina conectado a Internet puede participar en debates de ámbito mundial sobre temas concretos. Sería el equivalente a un congreso mundial sobre un tema pero celebrado a diario.

Las **listserv**[21] **o listas de distribución** son, en cierto modo, sociedades de individuos interesados en un tema concreto, que una vez suscritos a las mismas, aportan y reciben información de la comunidad en forma de foro de discusión a través de su correo electrónico. Es decir, todos los mensajes aportados de los individuos que componen estas listas de distribución son transmitidos a todos los integrantes de la lista. Las reflexiones, novedades,

---

[20] http://www.whatsapp.com/

[21] RedIRIS ofrece infinidad de listas temáticas en http://www.rediris.es/list/ para favorecer el trabajo colaborativo de la comunidad científica española.

preguntas, etc. se envían a su buzón electrónico de modo automático. Lo único que hay que hacer es sentarse a leer el correo electrónico.

Los **newsgroups**[22] **o grupos de noticias**, en desuso, son parecidos a las listserv, pero en forma de tablón de anuncios. Actualmente en decadencia ya que existen nuevas tecnologías que facilitan el acceso a la información por lo que el número de usuarios desciende día a día. La información no se envía directamente a sus miembros, sino que se coloca en una especie de tablón de anuncios donde el resto del mundo puede consultarla y valorarla.

Consulta de revistas médicas a través de Internet.

Internet brinda un soporte de grandes ventajas para la difusión de revistas médicas especializadas. Estas ventajas son:

🖖 la accesibilidad a la información desde cualquier parte del mundo y en cualquier momento.

🖖 la ausencia de un soporte físico como el papel (que ralentiza la transmisión de la información) y sin necesidad de almacenamiento físico de la misma.

🖖 la práctica gratuidad del acceso a un volumen de información inabarcable.

La mayoría de las revistas científicas y médicas del mundo están ya disponibles en formato electrónico. Desde las bibliotecas de las universidades se tiene acceso gratuito a gran número de revistas científicas.

Publicación de trabajos.

Actualmente Internet facilita el envío de trabajos a revistas, comunicaciones a congresos, participaciones en libros y cursos. El correo electrónico se impone como medio de transmisión sobre el correo convencional, dado que es mucho más rápido y eficaz.

Mediante el e-mail, los editores de la revista reciben en unos segundos el original con las tablas y las imágenes o figuras de un artículo, y en unos segundos más son enviadas a los *referee*[23] para su corrección y evaluación. La rapidez del sistema se impone a los métodos tradicionales.

Búsqueda bibliográfica.

Los tradicionales sistemas MEDLINE (de la National Library of Medicine) de búsqueda bibliográfica son consultados constantemente por todos los profesionales de la medicina. Está clara la importancia de la búsqueda bibliográfica en la práctica médica habitual.

En la actualidad, la consulta de MEDLINE a través de Internet puede hacerse desde un buen número de servidores, la gran mayoría de ellos gratuitos, o a través de programas específicos para la gestión bibliográfica.

---

[22] En 2007 RedIRIS decidió cancelar el servicio que finalizará en 2010: http://www.rediris.es/netnews/

[23] Un *referee* (árbitro en inglés) es generalmente un científico que evalúa de manera anónima el trabajo enviado a una revista.

Estudios multicéntricos.

La investigación médica se realiza, en numerosas ocasiones, mediante colaboraciones o estudios comparativos entre varios centros. Hasta ahora, estos estudios se han realizado mediante la recogida de datos de forma tradicional por cada uno de los centros participantes y el envío periódico de los mismos al centro encargado de efectuar los cálculos estadísticos y analizar los resultados. Este sistema, aunque es muy útil, tenía varios inconvenientes: 1) la información recopilada no está disponible de forma inmediata (en tiempo real); 2) no es posible realizar los cálculos estadísticos en cada momento del estudio y 3) los participantes del estudio no pueden conocer los resultados según se va recopilando la información.

Internet soluciona estos inconvenientes y además tiene las siguientes ventajas añadidas: 1) los datos son introducidos en el ordenador de forma mucho más sencilla, y en formularios diseñados a tal efecto que guían al usuario durante la introducción de los mismos; 2) el envío de datos se hace a través de Internet y no mediante el correo postal, con el consiguiente ahorro de tiempo, dinero y esfuerzo y 3) el envío de la información es inmediatamente registrado en el centro de datos, al que pueden acceder de forma instantánea todos los participantes del estudio.

Consulta de casos clínicos.

Internet facilita la discusión de casos clínicos entre colegas en tiempo real. Gracias a Internet, un caso clínico puede ser discutido simultáneamente por un grupo internacional de profesionales expertos e interesados en el tema utilizando no sólo una descripción oral del mismo (como ocurre tradicionalmente con el teléfono), sino con las imágenes originales que acompañan al historial clínico del paciente. Los casos también se pueden discutir en privado, de forma directa o a través del correo electrónico.

Consulta de bases de datos o de imágenes.

Internet cuenta con innumerables bases de datos o imágenes de gran utilidad para los profesionales de la medicina. Podéis echar un vistazo a Visible Human Project: http://visiblehuman.epfl.ch. Si te das de alta podrás tener acceso a un completo conjunto de imágenes anatómicas del cuerpo humano.

Sesiones clínicas a distancia: Telemedicina.

Hoy en día, es posible organizar sesiones clínicas entre varios centros separados entre sí, sin importar la distancia a la que se hallen unos de otros. También es posible establecer reuniones a distancia para tratar temas de especial complejidad o simplemente una toma de contacto entre varios profesionales o con el paciente. Mediante los sistemas de trabajo en grupo es posible mantener una conversación (con transmisión de datos, vídeo, imágenes y sonido), de modo interactivo, en las que los comentarios de todos los participantes aparecen simultáneamente en la pantalla.

Lenguaje JAVA.

A principios de los 90, Sun Microsystems desarrolló el lenguaje de programación JAVA. Java permite desarrollar programas interactivos en Internet y ejecutarlos en un navegador (a través de la máquina virtual Java o Java Virtual Machine[24]). Gracias a ello, es posible desarrollar programas específicos que se ejecutarán en el ordenador. Cualquier programa puede ejecutarse en un ordenador remoto: software de videoconferencia, software de tratamiento de imágenes, para reconstrucción tridimensional de imágenes bidimensionales, software para tratamientos, etc.

Lenguaje VRLM.

Las siglas VRML (Virtual Reality Modelling Language) hacen referencia a un lenguaje de programación que permite la difusión de contenido tridimensional a través de Internet. Permite desarrollar programas para enviar imágenes en 3D de diferentes partes del cuerpo humano y su posterior visualización y aplicación en simulación quirúrgica, el estudio anatómico, autoaprendizaje de nuevas técnicas a través de Internet sin moverse de casa, congresos virtuales, etc.

Un buen ejemplo es Visible Human Server que utiliza este lenguaje de programación: http://visiblehuman.epfl.ch/

---

[24] http://www.java.com/es/download/manual.jsp

Objetivo 6

Utilizar un navegador y un buscador de información en Internet.

¿En qué consiste este objetivo? Objetivo de habilidades.

A continuación se proponen una serie de habilidades básicas. El lector habrá alcanzado el objetivo cuando sea capaz de realizar las acciones que se proponen.

Existen un gran número de navegadores en Internet como son Microsoft Internet Explorer (http://www.microsoft.com), Mozilla Firefox (http://www.mozilla-europe.org/), Opera (http://www.opera.com/browser/) o Chrome (http://www.google.com/chrome). Cada uno de ellos presenta diferentes opciones, aunque son todos bastante parecidos. Nos centraremos en los dos primeros, aunque todos permiten la navegación por pestañas (diferentes ventanas de navegación dentro de una misma aplicación, sin necesidad de ejecutar varios navegadores). También permiten la instalación de "complementos" (pequeños programas elaborados por cualquier persona, al ser software libre) que proporcionan al navegador infinitas posibilidades.

1.- Dirigirse a una dirección URL conocida.

Una vez ejecutado cualquiera de los navegadores propuestos, dirigirse a una determinada web es tan sencillo como escribir la dirección a la que queremos acceder en la "barra de direcciones" y pulsar "enter". El número de páginas web crece a un ritmo vertiginoso y memorizar las innumerables direcciones de uso habitual, es cada día más difícil. Para ello podemos usar buscadores o guardar las direcciones en nuestros favoritos o marcadores.

La página de inicio del navegador, siempre personalizable, se puede cambiar a través del menú de configuración, herramientas o preferencias. Una vez abierta la primera página moverse por Internet (mejor dicho por la Web, que como se ha dicho anteriormente, es tan solo una parte de Internet) es sencillo a través de los hipervínculos.

Pero seguro que al navegar has sufrido los dichosos "pop-ups" o ventanas emergentes que sin querer se abren o te preguntan cosas. Este tipo de ventanas pueden contener código peligroso y si aceptamos a alguna de las preguntas que nos hacen, se podrían instalar programas peligrosos. Algunos espían nuestros movimientos por Internet, los llamados Spyware, pudiendo poner nuestro equipo y nuestra información en grave peligro. Existen herramientas para eliminarlos, aunque a veces puede llegar a ser tremendamente complicado.

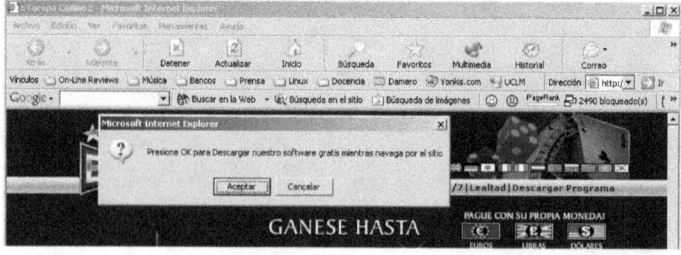

Figura 1.21. Aspecto de uno de los innumerables pop-ups.

Para prevenir cualquier riesgo, se ha de tener mucho cuidado a la hora de navegar y aceptar alegremente las preguntas que se nos formulan. Para más información sobre seguridad en Internet, es conveniente que visites la siguiente dirección: http://www.seguridadenlared.org/ o también: http://www.inteco.es/ donde se ofrece información y aplicaciones que ayudan a evitar este tipo de programas malintencionados.

Las últimas versiones de los navegadores permiten la gestión y el bloqueo de este tipo de elementos. De manera que es posible que nos aparezca esto:

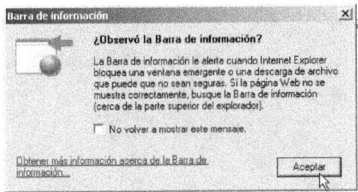

Figura 1.22. Advertencia de Internet Explorer sobre bloqueo de pop-ups.

O bien esta banda amarilla en la parte superior de nuestra ventana:

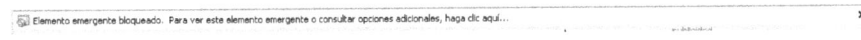

Figura 1.23. Advertencia de Internet Explorer en la parte superior de la ventana.

Debemos seguir las instrucciones con cuidado ya que es posible que se mezclen elementos peligrosos con otros que debemos permitir o instalar, como son algunos controles Active X o Plug-ins, por eso, siempre hay que leer el mensaje y no aceptarlo alegremente por no llevarle la contraria al ordenador, no vaya a ser que se enfade con nosotros.

2.- Guardar un archivo con formato HTML desde el navegador.

Una página web no es un documento único, sino que cada elemento que contiene se guarda por separado. Es posible guardar una página web y sus imágenes, sonidos, videos, etc. mediante la opción disponible en el menú "Archivo" del navegador: "Guardar como". Debemos seleccionar una ubicación para guardar la página y un nombre. Además de la página web, se creará una carpeta asociada que contiene las imágenes, sonidos, etc. Cuando las páginas tienen marcos o diferentes apartados hay que prestar atención a lo que se está guardando en realidad, ya que es posible guardar únicamente el texto, o una página en blanco, si no se tiene cuidado.

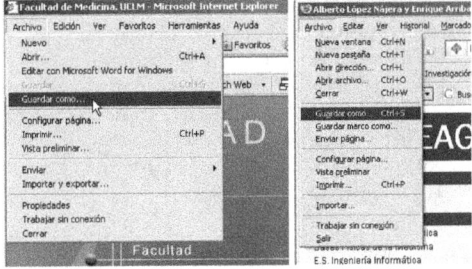

Figura 1.24. Guardar como en Explorer (izda) y en Firefox (dcha).

Otra opción es guardar una página o un documento a través del hipervínculo que lo enlaza. Haciendo clic con el botón derecho del ratón sobre el hipervínculo, siempre podremos optar por "guardar destino como…" o "Guardar enlace como…". Así que si lo que queremos es guardar un documento (no la página web que lo contiene), una imagen o un sonido, debemos hacer clic con el botón derecho sobre el enlace y seleccionar esta opción.

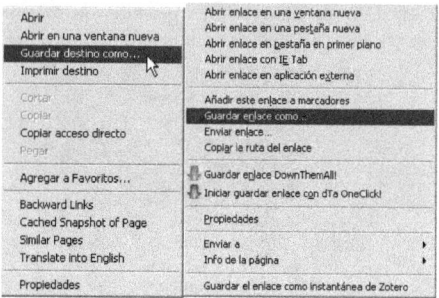

Figura 1.25. "Guardar destino como" en Explorer (izda) y en Firefox (dcha).

Como puede observarse en la imagen, ambos navegadores proporcionan numerosas opciones que, en el caso de Firefox, permite incluso copiar únicamente la ruta del elemento. En el caso particular de una imagen, en general los navegadores ofrecen, a través del menú contextual del botón derecho, una opción específica para guardar la imagen.

3.- Buscar información utilizando un buscador.

Utilizar de manera eficiente los diferentes buscadores disponibles en Internet no es algo tan sencillo como podemos pensar. Todos sabemos poner una palabra clave en un buscador y conseguir una serie de resultados. Pero debemos plantearnos una estrategia de búsqueda de manera que definamos búsquedas diferentes dependiendo de la información que deseamos obtener o de si utilizamos un directorio o un motor de búsqueda; de esta manera nuestras búsquedas serán más eficaces y limitaremos los resultados inútiles.

En la actualidad los índices, aunque siguen existiendo y clasificando la información en categorías, han perdido terreno con respecto a los motores de búsqueda, que han mejorado las búsquedas y proporcionan resultados muy fiables. Para saber cómo definir una buena estrategia de búsqueda te recomiendo que leas atentamente la ayuda del buscador.

Así que si nos centramos fundamentalmente en los motores de búsqueda (como por ejemplo Google), podremos definir determinadas palabras clave que harán que nuestros resultados sean más precisos. Como es lógico, no obtendremos los mismos resultados al buscar la palabra "facultad" que al buscar las palabras "facultad medicina" o que si solicitamos "facultad medicina albacete". En el primer caso nos aparecerán páginas que contengan la palabra "facultad", en su significado de centro de estudio o de potestad. En el segundo caso obtendremos como resultados todas las facultades de medicina, probablemente del mundo. La última opción probablemente sitúe la URL de la Facultad de Medicina de la UCLM en primer lugar. Haz la prueba.

En la actualidad, todos los buscadores proporcionan la opción de instalar una barra de búsqueda en el propio navegador como se muestra en la Fig. 1.26. De esta forma podremos realizar búsquedas directamente a través de esta barra sin necesidad de acceder a la página del buscador, con lo que conseguiremos ahorrar tiempo.

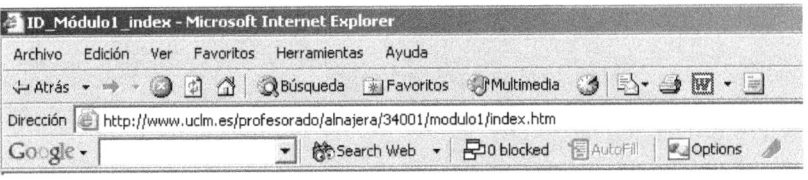

Figura 1.26. Barra de Google en Explorer.

Firefox dispone de su propio desplegable con buscadores, desde donde permite la búsqueda en diferentes motores personalizables como Google, Yahoo, Wikipedia o el diccionario de la Real Academia. Además, en la parte inferior izquierda de la Fig. 1.27 se observa el enlace a "Zotero" (herramienta que permite realizar búsquedas bibliográficas) o bien otro complemento que muestra la situación meteorológica de nuestra ubicación.

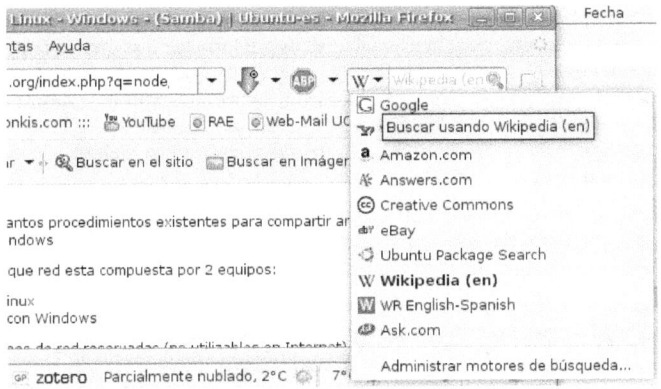

Figura 1.27. Opciones de búsqueda con Firefox.

Actualmente Google es el buscador más potente que existe, no tiene rival a la hora de indexar páginas o de producir resultados de búsqueda realmente finos, evitando páginas que no existen o que no tienen importancia. Es interesante dedicar un tiempo a aprender a manejar este buscador, tanto para páginas web como para imágenes, noticias, videos, etc. ya que dispone de sintaxis especiales que afinan aún más las búsquedas. Además Google ofrece otros servicios como Google Libros y Google Académico.

4.- Manejo de "Mis Favoritos" o "Marcadores".

Todos los navegadores permiten guardar direcciones en forma de "favoritos", "marcadores" o "bookmarks". Un manejo correcto de nuestros favoritos, agrupándolos en carpetas por contenidos u organizándolos de alguna manera, nos ayudará a localizar y cargar las páginas Web de manera sencilla. Se trata de una especie de "accesos directos" pero en vez de dirigirnos a archivos de nuestro PC, apuntan hacia páginas web, sólo se guardan las direcciones URL. Esto ahorra mucho espacio y nos permite guardar aquellas páginas a las que accedemos con frecuencia.

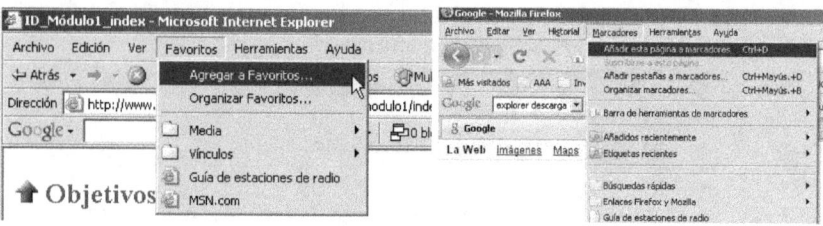

Figura 1.28. Administración de "Favoritos" (izda) y de "Marcadores" (dcha)

El menú "Favoritos" o "Marcadores" del navegador nos permite agregar las páginas que estamos visualizando en ese momento y guardarlas en una determinada carpeta o incluso organizarlas de una manera sencilla.

5.- Archivos temporales de Internet.

Cada vez que accedemos a una determinada página web, el navegador descarga las imágenes, texto, sonido, etc. que pueda contener. Esta información se guarda temporalmente, de manera que si volvemos a acceder a dicha página, el navegador accede al sitio de Internet, comprueba si ha cambiado y si no ha cambiado, en vez de volver a descargar toda la información de nuevo, recupera los archivos que guardó de manera temporal en nuestro sistema. De esta manera se reducen los tiempos de acceso a una web que hemos visitado alguna vez con anterioridad.

En general en el menú "Herramientas" del navegador, se puede acceder a las "Opciones" que nos permiten configurar determinados parámetros del navegador, entre ellos el tiempo que se guardarán estos archivos temporales o el espacio que ocuparán en disco.

Desde esta ventana de opciones puedes configurar otras preferencias del navegador como la página de inicio, determinar cuantos días se guardará el Historial, etc.

NOTA FINAL: Estas acciones y sus indicaciones no pretenden ser absolutamente aclaratorias. Se recomienda al lector que utilice la ayuda del sistema. La informática se aprende usándola. Antes de terminar, pregúntate si eres capaz de reproducir las acciones propuestas.

Objetivo 7

Manejar el correo electrónico.

¿Qué es un correo electrónico?

El correo electrónico fue una de las primeras herramientas de Internet y constituye un sistema rápido, cómodo y fiable para enviar cualquier información a cualquier lugar del mundo de manera instantánea y coste muy reducido.

Gracias al correo electrónico, los profesionales médicos pueden intercambiarse toda clase de información, no sólo texto, sino también imágenes o incluso vídeos. Mediante el correo electrónico se pueden enviar de manera muy rápida casos clínicos a otros colegas permitiendo un contacto permanente con ellos, incluso cuando se encuentran al otro lado del mundo.

Entre las ventajas que ofrece están su rapidez, economía y versatilidad, aunque no todo son ventajas, existe un inconveniente y es la ausencia de privacidad. Un correo electrónico, con las herramientas apropiadas de rastreo, puede ser visualizado por otros usuarios de Internet, por lo que no constituye un método seguro para enviar información confidencial. No obstante existen métodos para minimizar este riesgo, como es por ejemplo el uso de encriptadores.

Para entender su funcionamiento, lo mejor es compararlo con el correo convencional, en el cual debemos conocer la dirección física del destinatario, escribir la carta, meterla en un sobre, poner un sello y echarla en un buzón.

Para un correo electrónico tenemos sus correspondientes equivalencias. La dirección de correo electrónico informa sobre la localización del servidor que lo gestiona. Su estructura es de tres partes separadas por una "@" y un punto. Por ejemplo: usuario.apellido@empresa.com. El uso o no de mayúsculas es indiferente ya que no es sensible a ellas, igual que en las direcciones URL. Otra ventaja es la posibilidad de indicar varias direcciones de manera que cada destinatario recibirá una copia del mensaje (Carbon Copy o CC).

Todo correo electrónico consta de dos partes diferenciadas: la información de control que contiene la fecha, la dirección, etc. y el cuerpo del mensaje.

Existen numerosos programas que permiten la gestión de correo electrónico. La ventaja de este tipo de programas es que permiten guardar los mensajes o la libreta de direcciones en nuestro disco duro. Además, los programas de gestión ofrecen un gran número de posibilidades de filtrado de correos, organización, agendas, envíos, etc. El acceso a través de una web al correo de Hotmail o Gmail, permite guardar tanto los mensajes como la libreta de direcciones en un servidor sin necesidad de configurar nuestra cuenta en un ordenador. Cualquier ordenador con un navegador nos permitirá gestionar nuestro correo.

Muchas instituciones ofrecen a sus alumnos y empleados la posibilidad de acceder a su cuenta de correo electrónico a través de una página web. Otra opción, cada vez más extendida, es el uso de servidores "Exchange" que permiten tener todo nuestro correo, agendas, libreta de direcciones, etc. en un servidor manteniendo también copias locales. Algo similar a los servicios de Hotmail o Gmail, con la ventaja de facilitar servicios corporativos a través de un gestor de correo o un navegador.

Al igual que ocurre con el uso de los buscadores en la Web, todo el mundo sabe, o mejor dice saber, manejar el correo electrónico, pero es muy frecuente recibir mensajes que parecen proceder de auténticos analfabetos desde el punto de vista informático, ya que demuestran desconocer lo más básico de un correo electrónico e incluso a veces, muestran una total falta de educación. Un mensaje de correo electrónico consta de una serie de campos con diferentes funciones, diseñados para tal fin y por tanto, deben ser usados para ese fin en concreto.

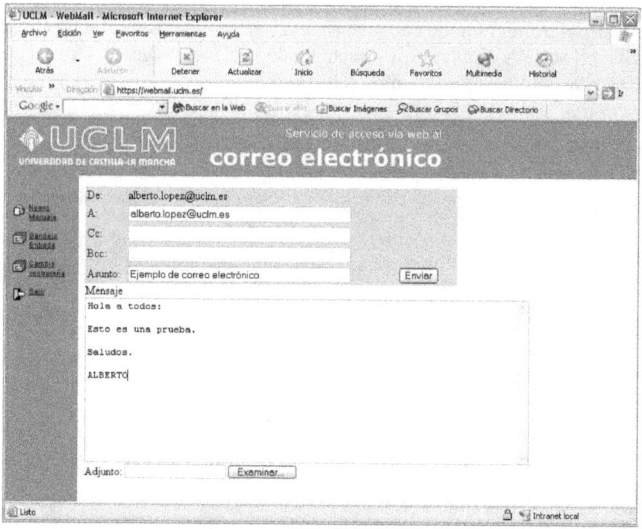

Figura 1.29. Aspecto de los campos de un correo electrónico.

Los campos básicos de un correo electrónico son los siguientes:

De: Remitente.

A o Para: Destinatario.

CC: Si queremos añadir más destinatarios, se enviará una copia del mensaje a todos los destinatarios y quienes lo reciban, podrán ver las direcciones de los demás destinatarios.

CCO o BCC: Copias ocultas enviadas a varios destinatarios, entre ellos no se podrán ver las direcciones. Es frecuente recibir envíos masivos en los que se mezclan destinatarios de manera arbitraria. Si no se utiliza este campo, los destinatarios pueden ver las direcciones de unos y de otros, lo que en algunas ocasiones puede llegar a ser cuanto menos indiscreto.

Archivos adjuntos: Podemos enviar todo tipo de archivos adjuntos (cuidado con los virus). Se recomienda comprimir los archivos cuando su tamaño es excesivamente grande. Es frecuente recibir fotografías de más de 4 MB que podrían ser enviadas con menor calidad y ocupar menos de la décima parte. Esta actitud consigue saturar las cuentas de correo y muestra una clara falta de respeto y educación, además de una completa ignorancia de informática[25].

---

[25] "Nivel Usuario", al parecer ese nivel se lo dan a cualquiera que enciende un ordenador.

Asunto: Resumen o título del mensaje, nos puede ayudar a clasificar mensajes. Es **imprescindible** el uso de este campo ya que así el destinatario podrá, sin necesidad de abrir el mensaje, hacerse una idea de su contenido. Además, la proliferación de mensajes basura o publicad no deseada (SPAM) hacen que aplicaciones que filtran este tipo de mensajes, se fijen en el contenido del asunto, de manera que si está en blanco es posible que sea borrado sin que el destinatario lo vea.

Cuerpo del mensaje: el contenido en texto del correo. Se recomienda un mínimo de educación, así como utilizar todas las letras del abecedario y evitar el lenguaje SMS, sobre todo cuando se trata de mensajes más o menos serios. Es frecuente recibir mensajes reenviados sin más, sin un saludo, sin una explicación y llenos de la información de los reenvíos de los otros miles de usuarios que han reenviado la cadena sin prestar atención a su contenido[26]. Es molesto y desagradable, además de constituir una falta de educación, puede poner a todos los destinatarios por los que ha pasado el mensaje, en grave riesgo de recibir correo no deseado de forma masiva.

NOTA: Otra de las ventajas del correo electrónico podría ser que **siempre llega**. Si por cualquier razón el servidor de destino no acepta el mensaje o la dirección es incorrecta, se produce un mail de respuesta automático de error que informa al remitente de la imposibilidad de la entrega. Por tanto, no sirve aquello de "yo lo envié pero se habrá perdido" porque siempre recibiremos un mensaje de error si no llega correctamente. Además, los programas de gestión de correo electrónico, permiten activar una opción que envía al remitente un mensaje automático de recepción o lectura.

Archivos adjuntos.

Otra ventaja del correo electrónico, como ya se ha indicado, es la posibilidad de adjuntar cualquier tipo de archivo, ya sean textos, imágenes, sonidos, etc. sólo estaremos limitados por el tamaño máximo que permita nuestro servidor de correo o el del receptor.

Esta posibilidad ha sido aprovechada de muy diversas maneras por creadores de virus que se han aprovechado de la ignorancia o de la buena fe de quien los recibe y los ejecuta sin saber que puede provocar consecuencias desastrosas[27]. Por tanto, no debemos abrir/ejecutar un archivo de procedencia desconocida, e incluso en el caso de que el remitente sea conocido pero no hace una referencia explícita al archivo adjunto, o utiliza un lenguaje inadecuado, no se debe abrir. Aunque cada vez menos, existen virus que se autoenvían desde una cuenta a los contactos de la libreta de direcciones, pero normalmente el texto que envían junto con el virus está en inglés o utiliza un lenguaje que no se corresponde con el que utilizaría nuestro conocido.

Para prevenir, debemos mantener el software actualizado (antivirus y gestor de correo), no abrir archivos adjuntos de procedencia dudosa o cuya dirección, aun siendo de un remitente conocido, contenga algo raro. Más información: http://www.inteco.es/.

SPAM y HOAX.

Los mensajes de publicidad no deseada se denominan en inglés *spam*. El contenido de estos mensajes es muy variado. Los más frecuentes son aquellos que ofrecen medicamentos, ingresos extra, alargamientos varios, etc. En 2003 alcanzaron el 55,1 % del

---

[26] Otro ejemplo de "nivel usuario".

[27] Otro ejemplo de "nivel usuario"

total de mensajes que circulan por Internet, en 2008 este porcentaje alcanzó el 85% hasta los 153.000 millones de correos al día. Desde entonces ha ido bajando pero en el primer trimestre de 2012 el porcentaje de correo basura fue del 76,6% del total. Las empresas distribuidoras de *spam*[28] utilizan los *hoax* (ahora los veremos) para reunir direcciones de correo que luego bombardearán. Más información en la dirección: http://aui.es/contraelspam/. En algunas ocasiones, estos mensajes no deseados ofrecen la posibilidad de contestar o acceder a una web para cancelar próximos envíos. Esto suele ser mentira y lo único que se consigue al contestar a alguno de estos mensajes es confirmar que nuestra cuenta está activa y funcionando, por lo que la recepción de *spam* suele multiplicarse[29].

El término inglés *hoax* significa engaño, broma, patraña. Los *hoaxes* son mensajes de solidaridad para ayudar a niños enfermos que no existen, falsas alertas de virus, dudosos métodos para hacerse millonario... que siempre solicitan, por el bien de la humanidad, que se reenvíen cuanto antes y a cuanta más gente, mejor. Sus creadores pretenden generar una cadena de reenvíos, lo cual consiguen habitualmente con mensajes que, aprovechándose de la buena fe de la gente[30], incitan a pensar eso de "no sé si será verdad, pero por si acaso, yo lo reenvío". El principal problema es que esta "buena gente" que reenvía los *hoax* no suele saber informática[31], y los reenvíos se hacen sin eliminar el texto que se produce automáticamente al reenviar un mensaje, el cual contiene, entre otra información, las direcciones a las que ha sido enviado. Esto es posible ya que los reenvíos suelen hacerlos poniendo todas las direcciones en el campo "Para" o "CC" en vez de usar el campo "CCO". Cualquier cadena es buena para recopilar direcciones de correo electrónico y saturar los servidores. Una vez recopiladas las direcciones, éstas son bombardeadas con correo basura. La solución es sumamente sencilla: No reenviar este tipo de mensajes sin comprobar su autenticidad y, si se reenvían, utilizar el campo "BCC o CCO" para que las direcciones de correo electrónico estén ocultas. También al reenviar un e-mail, se debe borrar el encabezado donde aparecen los datos del remitente anterior.

Nuevas tecnologías, hábitos cotidianos y buena educación.

En este apartado no pretendemos adoctrinar a nadie, sólo comentar una serie de hábitos de buena educación asociados al uso de las nuevas tecnologías. A nadie (normal) se le ocurriría gritar en un pasillo de un hospital o irse de una reunión de amigos o de trabajo sin despedirse correctamente. Son hábitos cotidianos de buena educación.

Es frecuente estar siendo atendido en una consulta o en una oficina, que suene el teléfono y que la persona que nos atiende, nos obvie y atienda la llamada sin ninguna disculpa por su parte. En caso de que haya disculpa, no es del todo válida ya que, ¿no llegué yo antes que la llamada?

Las nuevas tecnologías cambian nuestra forma de vivir y de comunicarnos, sin que haya una base previa de buena conducta o educación. Por eso, en este apartado sólo se pretende llamar la atención sobre ciertas actitudes que favorecen la buena convivencia y el

---

[28] En noviembre de 2008 un servidor de la empresa McColo Corp. fue clausurado, se consiguió una reducción, en un día, del 30% de los mensajes de spam en Internet.

[29] Otro ejemplo de "nivel usuario".

[30] Y de su "nivel usuario".

[31] O tiene "nivel usuario".

respeto. Por ejemplo el uso de *smartphones* se ha extendido tanto que ¿no habéis estado en una comida con amigos y te has comunicado con ellos mediante el Whatsapp? ¿O alguno de los comensales no ha dejado el móvil ni un minuto?

Por ejemplo, es de agradecer que cuando te llaman al móvil, te pregunten siempre si es buen momento para hablar, así como ofrecerse a llamar en unos minutos, con el fin de no interrumpir o molestar. El uso de músicas inoportunas en los tonos de llamada del móvil es demasiado frecuente, muchas veces a un volumen excesivo. Parece haber gente que desconoce la función "silencio" o el modo "vibración" sobre todo en cines, hospitales o comidas. Además, no pasa nada por no atender una llamada en el momento. Si es imprescindible atender a una llamada de teléfono móvil durante una reunión o un acto social, nunca se debe responder delante del resto de asistentes. Lo correcto es salir de la habitación o alejarse un poco del grupo y bajar el tono de voz.

También ocurren situaciones similares cuando usamos el correo electrónico. Su uso abusivo, así como el lenguaje extremadamente coloquial, se ha extendido desde el ámbito coloquial o familiar a ámbitos más serios. Es demasiado frecuente, y demasiado desagradable, el uso de lenguaje SMS o sin ningún tipo de norma gramatical u ortográfica.

Otra costumbre de agradecer es contestar a los correos electrónicos en un plazo razonable tras su recepción. Aunque sea con un escueto "vale" cuando el correo va dirigido a uno mismo o si es para una lista de distribución, no es del todo necesario, es más, diríamos que el silencio en estos casos es de agradecer también. Además, el correo debe incluir el tema del mensaje en el asunto del correo electrónico.

Otro problema de muy mal gusto, que ya se ha comentado, es la distribución de cadenas, de correo no deseado o las típicas cadenas de mensajes, sobre todo cuando se hace de manera indiscriminada y fuera del ámbito familiar o entre amigos. El uso de la copia oculta (CCO) es útil para no revelar la dirección de correo electrónico de los destinatarios de un mensaje común.

Como norma general, el uso de mayúsculas significa, en el lenguaje de la red, que se está gritando. Otro aspecto importante de los correos electrónicos como los SMS es que siempre deben ir firmados.

Para terminar, no se deben enviar por correo electrónico archivos muy pesados; no todo el mundo tiene buzones ilimitados y mucha gente desconoce que, aunque su cámara realiza fotos de 10 megapíxeles, éstas pueden reducirse hasta un tamaño más lógico para el correo electrónico (no más de 500 KB)[32].

---

[32] Si sueles cometer los errores que hemos ido comentando, entonces te mereces un terrorífico "nivel usuario", ¡enhorabuena!

Objetivo 8

Describir los principales delitos e infracciones en el campo de la Informática.

A continuación se describen los aspectos más importantes relativos a los delitos e infracciones más comunes en el campo de la informática:

- el uso indebido de datos personales informatizados
- el uso comercial de Internet
- la piratería informática
- la creación y propagación de virus informáticos

Leyes sobre la protección de la información personal.

Actualmente, es común que los hospitales y los centros de salud dispongan de bases de datos computarizadas con información personal sobre cada uno de sus pacientes. Una crítica bastante extendida en contra de la existencia de estos y otros bancos de datos, radica en la capacidad de atentar o destruir la vida privada de los ciudadanos, siendo éste un derecho reconocido por parte de todas las legislaciones occidentales. Las computadoras que manejan bases de datos de estas características tienen la capacidad de dibujar un perfil personal tan detallado de cualquier paciente, que su valoración y conocimiento por parte de terceros podría dejarle indefenso y causarle graves perjuicios en cualquier actividad que emprendiera.

Teniendo en cuenta la conveniencia y la necesidad práctica de la existencia de bases de datos personales, es preciso establecer medidas de seguridad por parte de sus gestores que eliminen o minimicen los aspectos negativos antes citados, por lo que deben cumplir los siguientes requisitos:

- precisión, consistencia, integridad y corrección de los datos.
- manejo y proceso correcto de los mismos.
- uso exclusivo para el fin para el que fueron creados.

La legislación española contempla la protección de la información personal automatizada en el Artículo 18.4 de la Constitución: "La ley limitará el uso de la informática para garantizar el honor y la intimidad personal y familiar de los ciudadanos y el pleno ejercicio de sus derechos".

La Ley Orgánica de Protección de Datos - LOPD regula todos los aspectos sobre la protección de datos (R.D. 994/99 de 11 de junio) y cuyas características más importantes son (http://www.delitosinformaticos.com/protecciondatos/general.shtml):

- calidad de los datos (exactos, adecuados, veraces).
- integridad y seguridad.
- derecho de información, consentimiento, acceso, rectificación y cancelación.
- prohibición de cesión de datos salvo en algunos casos y mediando el consentimiento previo del afectado.
- limitación del movimiento internacional.

Existen otras leyes igualmente importantes que incorporan nuevas condiciones al tratamiento de la información contenida en las bases de datos. Por ejemplo, la Universidad de Castilla – La Mancha fue la primera universidad española en disponer de un código de conducta de protección de datos personales que puede encontrar en la siguiente dirección: http://www.uclm.es/pdf/codigodeconducta.pdf.

La Ley de Internet.

La LSSI o Ley de los Servicios de la Sociedad de la Información y de Comercio Electrónico (Ley 34/2002 de 11 de julio), regula las actividades comerciales que se llevan a cabo a través de Internet, garantizando los derechos de los usuarios y definiendo obligaciones para las empresas, como son informar de sus datos empresariales, precios y códigos de conducta. Si distribuyen publicidad, están obligados a permitir la cancelación por parte del usuario. También se regulan las actividades de los proveedores de acceso a Internet (http://www.lssi.es).

Infracciones informáticas. Piratería.

Se conocen con el nombre de infracciones informáticas a las acciones ilegales en las que las personas que las realizan utilizan, sus conocimientos sobre la tecnología informática.

Algunos ejemplos de estas acciones son el transvase ilegal de depósitos bancarios, la apropiación indebida de datos personales, la destrucción de datos ajenos, o la copia y distribución no autorizada de aplicaciones informáticas o archivos, violando la Ley de Propiedad Intelectual (Ley 26/2006, de 7 de julio).

Se denominan "**hackers**" y "**crackers**" a aquellas personas que acceden sin autorización a los grandes sistemas de computadoras. La diferencia entre ellos es que mientras los primeros lo hacen por diversión o como reto personal, los segundos persiguen propósitos tales como robar información, producir daños en los datos, etc. No obstante estos términos, al no estar recogidos en el diccionario de la RAE, pueden tener otros significados.

La ley sobre la protección jurídica de programas de ordenador defiende los derechos de autor de los programadores. Entre otras disposiciones, establece que serán infractores de estos derechos los siguientes:

- quienes pongan en circulación una o más copias de un programa de ordenador conociendo o pudiendo presumir su naturaleza ilegítima.

- quienes tengan con fines comerciales una o más copias de un programa de ordenador, conociendo o pudiendo presumir su naturaleza ilegítima, o

- quienes pongan en circulación o tengan con fines comerciales cualquier medio cuyo único uso sea facilitar la supresión o neutralización no autorizadas de cualquier dispositivo técnico utilizado para proteger un programa de ordenador.

Desde octubre de 2004 está en vigor la última reforma del código civil, disponible en: http://delitosinformaticos.com/legislacion/comparativacp.shtml en el que se establece, entre otras cosas, la consideración como delito de la posesión de software que permita desbloquear los sistemas anticopia de DVDs y CDs. En este punto, cabe preguntarse por qué la SGAE cobra un canon por cada CD y DVD virgen o soporte susceptible de almacenar cualquier tipo de información (desde teléfonos móviles a cámaras de fotos) que se vende en España cuando ya hay leyes que protegen los derechos de autor, aunque vulnera derechos fundamentales como el de copia privada, criminalizando al consumidor antes de que cometa un delito. En el año 2007 las sociedades de gestión de derechos de autor recaudaron 97 millones de euros por este motivo, dinero que el Estado ingresa a sociedades privadas. En 2008 la cantidad recaudada superó los 83 millones de euros. A pesar de que en 2010 el Tribunal de Justicia de la Unión Europea declaró ilegal el canon por abusivo e injusto, se recaudaron 90 millones de euros. En 2011 la Audiencia Nacional estableció que el canon era ilegal, pero se modificó el modelo a una "compensación por copia privada". Es claro que la piratería es un problema y que existen diversas soluciones posibles. El debate sigue abierto.

Virus informáticos.

Los virus informáticos son programas ocultos, normalmente de tamaño reducido, que acompañan a otros programas o archivos de datos, que se trasladan a través de las redes o por sistemas de almacenamiento (pendrive, memorias flash) para introducirse en las computadoras, instalándose en los lugares más recónditos de su memoria con dos objetivos básicos:

- reproducirse y propagarse.
- alterar el funcionamiento normal de la computadora.

Algunos son inocuos, y a veces sus efectos consisten en mostrar algún mensaje en la pantalla, pero otros son devastadores, ya que destruyen todos los datos y programas almacenados en la computadora.

Crear o propagar virus informáticos intencionadamente constituye una infracción grave.

Los antivirus son programas que detectan los virus informáticos antes de que se infecte el sistema y proceden a la limpieza del mismo en caso de que ya haya sido infectado. Además existen otros programas, *firewalls*, que proporcionan protección ante usuarios o programas malintencionados que intentan acceder a nuestro sistema a través de las redes. Para ello, estos programas gestionan todas las comunicaciones de nuestro sistema, preguntando cuales queremos permitir y cuales no.

Además de disponer de un antivirus actualizado, es conveniente tomar las siguientes precauciones para evitar las infecciones y sus efectos devastadores:

- Mantener el sistema y el antivirus actualizados.
- Realizar copias de seguridad de los datos y programas periódicamente.
- Evitar el uso de programas y datos de origen dudoso.
- No instalar ni ejecutar programas adjuntos a mensajes de correo electrónico a menos que esté garantizada su procedencia.

No es objetivo de este texto proporcionar toda la información acerca de los diferentes tipos de virus, gusanos o troyanos, tampoco del *Malware* ni el S*pyware*, pero se recomienda al lector que se informe sobre estos términos, por ejemplo a través de http://whatis.com.

MÓDULO 2: Análisis de los componentes hardware y software de un sistema informático

Objetivos del módulo

1. Conocer cómo se representa la información en las computadoras.

2. Analizar las principales especificaciones técnicas hardware y software de un equipo informático constituido por un ordenador personal, una impresora y un escáner.

Bibliografía específica y complementaria.

Para alcanzar los objetivos propuestos, el lector podrá aclarar sus dudas y ampliar conocimientos con los siguientes textos:

1. Alcalde, E. y García, M. *Informática Básica*. 2ª ed. McGraw-Hill Interamericana, 1994.

2. Trinidad Ramos, G. T., Suárez, J.M., Trinidad Ruiz, G. *Informática para Médicos*. Ediciones Anaya Multimedia. 2000.

Material audiovisual o de Internet.

✋ Software:

  ✋ Un navegador: Microsoft Internet Explorer, Opera, Mozilla Firefox, Chrome, etc.

✋ Diccionario de términos informáticos: http://whatis.com

Objetivo 1

Conocer cómo se representa la información en las computadoras.

¿Cómo se representa la información en las computadoras? El sistema binario.

Para entender el funcionamiento básico de cualquier equipo informático, es preciso comprender la forma en la que se representa la información digital. Toda la información digital se codifica de acuerdo al **sistema binario**, mediante el cual, cualquier variable continua o discreta es representada por cadenas de unos y ceros.

Habitualmente operamos con un sistema numérico en base 10 en el que existen los valores del 0 al 9, con operaciones como la suma o la resta. En cambio, los circuitos internos de las computadoras digitales trabajan usando un sistema de numeración binario. El sistema binario es un sistema en base 2, esto es, que utiliza sólo dos valores (el cero '0' y el uno '1'). Estos valores son fácilmente representables por los circuitos electrónicos mediante diferencias de voltaje. Así la existencia de voltaje se identifica con el 1 y cuando no existe voltaje, se identifica el valor 0. Los circuitos, amplificadores, chips o procesadores son capaces de realizar operaciones matemáticas simples con esos voltajes, cuyos resultados son fácilmente identificables con ceros y unos. El sistema binario y su matemática asociada, permite realizar las operaciones necesarias en base 2 equivalentes a las operaciones matemáticas que realizamos comúnmente en base 10. Además, es posible transformar cualquier valor numérico en base 10 en su equivalente en base 2, por lo que con una simple transformación de base, podemos implementar el lenguaje universal de las matemáticas dentro de los sistemas informáticos. No es el propósito de este texto abarcar la matemática asociada al sistema binario.

Sistema decimal	Sistema binario	Sistema decimal	Sistema binario
0	0000	8	1000
1	0001	9	1001
2	0010	10	1010
3	0011	11	1011
4	0100	12	1100
5	0101	13	1101
6	0110	14	1110
7	0111	15	1111

Tabla 2.1. Equivalencia entre valores numéricos binarios y decimales.

Cada cifra o dígito de un número en el sistema binario se denomina **bit** (**B**inary dig**IT**). Por comodidad, se definen múltiplos del bit con nombres propios, por ejemplo el **byte** que equivale a 8 bits. El **byte** se considera la unidad básica de medida de la información en el sistema binario. La tabla 1.1 muestra algunas equivalencias numéricas entre el sistemas de numeración decimal y binario. Se muestran combinaciones de 4 bits, por lo que únicamente se podrán codificar los números del 0 al 15. Si necesitáramos más combinaciones, tendremos que ampliar el número de bits.

Con todo esto, cualquier valor numérico decimal se puede representar con una combinación de bits. Pero no sólo podremos codificar cifras decimales en código binario. Por ejemplo, podemos asignar el 1 al color negro y el 0 al color blanco, de manera que con un único bit podemos codificar estos 2 colores. Si queremos representar más colores, debemos ampliar el número de bits. Si retomamos el ejemplo de la Tabla 1.1, en el que tomamos 4 bits, podremos representar 16 colores diferentes. No sólo colores, por ejemplo el carácter "®" de la fuente "Times New Roman" se representa con la combinación 10101001. Curiosamente, en la fuente Symbol esta misma combinación de bits corresponde al carácter "→". Podremos representar cualquier variable cuantitativa o cualitativa, con mayor o menor resolución, sólo tendremos que tomar el número de bits necesarios para cada caso.

Es importante saber que el **rango** de valores o número de combinaciones que se pueden representar con n bits es 2^n. Por ejemplo, con 16 bits podremos representar $2^{16} = 65536$ números enteros positivos, es decir, desde el 0 al 65535. Veamos otro ejemplo, si se utilizan 8 bits para representar los niveles de grises existentes en una imagen en blanco y negro, sólo se podrán representar $2^8=256$ niveles de gris diferentes entre el blanco (00000000) y el negro (11111111), ambos inclusive. Esto significa que aunque la imagen original contenga más niveles de grises, la imagen digitalizada con 8 bits sólo contiene 256 tonos de gris diferentes (habitualmente se hace una asignación numérica de manera que el 0 es el color blanco y el 255, el color negro). Podrían no ser suficientes, pero debemos tener en cuenta que el ojo humano no distingue tantos grises diferentes. Esto es aplicable a cualquier tipo de información analógica o continua cuando se digitaliza. Dependiendo del número de bits utilizado, la pérdida de información será mayor o menor. Un ejemplo muy claro es la frecuencia de muestreo utilizada al digitalizar música. Los archivos MP3 se digitalizan con una determinada frecuencia de muestreo o *bitrate* (medida en kilobits por segundo). Cuando este valor es inferior a 128 kbps la música suena a lata, a hueco, porque se está produciendo una pérdida de información que nuestro oído es capaz de detectar, pero que en algún caso podría no ser un problema, por ejemplo cuando queremos enviar información en tiempo real y prima el "directo" frente a la calidad. Al aumentar el *bitrate* conseguimos archivos de música de mayor calidad, pero obviamente, también de mayor tamaño. Luego en todo proceso de digitalización se puede jugar con la relación calidad-tamaño-necesidad-recursos.

Para medir la cantidad de memoria necesaria para codificar la información en sistema binario, se utilizan múltiplos de 1024 bytes y no de 1000 bytes (como ocurre en el Sistema Internacional en el que 1 km equivale a 1000 metros) esto es porque 1024 es el múltiplo de 2 más cercano a 1000, $2^{10} = 1024$[1]. Desde el punto de vista electrónico es importante que dicha cantidad sea un múltiplo de 2. En la Tabla 2.2 se muestran algunos ejemplos de unidades de medida de información.

Múltiplo	Abrev.	En bits	Múltiplo	Abrev.	En bits
Nibble	N	4 bits	Megabyte	MB	1024 KB (kB)
Byte	B	8 bits	Gigabyte	GB	1024 MB
Kilobyte	kB (KB)	1024 B	Terabyte	TB	1024 GB

Tabla 2.2. Diferentes unidades de medida de información - múltiplos del bit.

---

[1] Es frecuente que los fabricantes no sean del todo claros en las especificaciones de los dispositivos y hacen los cálculos con 1000 en vez de con 1024. Es frecuente este "error" a pesar de que existen sentencias a favor del consumidor engañado. Comprueba que un disco duro de 500 TB en realidad serán 466 TB.

Objetivo 2

Analizar las principales especificaciones técnicas de un equipo informático constituido por un ordenador personal, una impresora y un escáner.

Motivación.

En la actualidad, el uso del ordenador es una realidad en cualquier actividad profesional. Podría parecer que, para el desempeño de un determinado trabajo mediante un ordenador, no es necesario conocer las características básicas más importantes del equipo informático. Y probablemente sea verdad que con saber manejarlo, sea suficiente. Pero de la misma manera que no utilizaríamos un coche deportivo para transportar material de construcción por caminos empedrados, debemos conocer las características básicas de ordenadores, sistemas de almacenamiento, impresoras, etc. que nos permitan realizar nuestro trabajo de una manera óptima. Dependiendo del trabajo a realizar mediante un ordenador, necesitaremos más o menos memoria de video, mayor o menor almacenamiento o una impresora de determinadas características.

En este objetivo, se presentan los conceptos básicos necesarios para comprender y analizar las especificaciones técnicas de equipos informáticos básicos y sus periféricos más frecuentes.

Principales componentes hardware de un ordenador.

Los equipos informáticos, "ordenadores personales" o "PCs", contienen en el interior de la caja o chasis, habitualmente denominada "CPU", los siguientes elementos básicos:

🖐 La **unidad central de proceso.** Es el procesador, *Central Processing Unit*, o CPU y con frecuencia este dispositivo da nombre a toda la caja, aunque exactamente es un chip cuya misión es procesar toda la información que llega al ordenador a través del teclado, el ratón, el escáner, o cualquier otro **dispositivo de entrada** de información. También procesa toda la información resultante que el ordenador proporciona al usuario a través del monitor, la impresora o cualquier otro **dispositivo de salida** de información. Es, por tanto, el cerebro de la computadora. Existen infinidad de modelos y marcas. Su velocidad de procesamiento actualmente se mide en Gigaherzios (GHz) de manera que a mayor velocidad, menor tiempo de proceso. Existen procesadores de 2 y 4 núcleos que permiten duplicar/cuadriplicar la capacidad de procesamiento.

🖐 La **memoria de acceso aleatorio**, también denominada memoria RAM (*Random Access Memory*). Son chips cuya misión es almacenar **temporalmente** toda la información que deberá procesar la unidad central de proceso, además se trata de una memoria sumamente rápida. La información almacenada en esta memoria se borra al apagar el ordenador. Existen varios tipos de memoria RAM, actualmente la más utilizada es la del tipo SDRAM (*Synchronous Dynamic RAM*) DDR (*Double Data Rate*) en módulos de diferente capacidad (medida en GB) y diferentes velocidades de bus (medida en MHz). Su misión es equivalente a nuestra memoria a corto plazo y es donde se guardan las instrucciones e información que el procesador necesita manejar con mayor frecuencia. Cuanta más memoria RAM, más información rápida podrá estar accesible por el procesador. Para percibir su funcionamiento se propone lo siguiente: iniciar el ordenador y ejecutar una aplicación midiendo el tiempo de ejecución, a continuación cerrarla y volver a ejecutarla, comprobando que el tiempo de ejecución se ha reducido sustancialmente. El procesador cargó la aplicación desde el disco duro y la guardó en la memoria RAM (mucho más rápidamente que antes). Cuando se ejecuta la segunda vez, el procesador carga la aplicación desde la memoria RAM que contiene la información cargada inicialmente.

❦ La **placa base** (*motherboard*). Es una placa de plástico en la que están impresos los circuitos necesarios para comunicar la unidad central de proceso con la memoria y con cualquier otro dispositivo de entrada, salida o almacenamiento permanente de información, que se halle conectado al ordenador. Estos circuitos o líneas de comunicación constituyen lo que se conoce con el nombre de **bus del sistema**, el cual suele caracterizarse por la velocidad de transferencia especificada en MHz. En la placa base se encuentran además, los **zócalos** donde se conectarán los módulos de memoria RAM, el zócalo para el procesador, y las **ranuras de expansión** donde se conectan las tarjetas de vídeo, de sonido, de red, módems, etc. De ella salen, también, los puntos de conexión del ratón y el teclado así como conexiones serie o paralelo, USBs, etc. También incluye el **chipset** encargado de la gestión del bus del sistema y el **BIOS** (*Basic Input/Output System*) encargado de arrancar el sistema, antes incluso que el sistema operativo.

❦ **Tarjetas de vídeo, sonido, de red, etc**. Son placas de circuitos integrados más pequeñas que la placa base, que se encuentran conectadas directamente a esta última a través de las ranuras de expansión. Poseen funciones diversas, pero de manera general, podría decirse que son **intérpretes de información que liberan de trabajo a la CPU**. Por ejemplo, las tarjetas de vídeo sirven básicamente para traducir la información procesada por la CPU al formato adecuado para el monitor. La tarjeta de sonido hace lo propio para convertir la información digital en analógica y reproducible por los altavoces. El módem (del tipo que sea RTB, ADSL, etc.) o la tarjeta de red, permiten la comunicación del PC a través de un cable. En el caso del módem RTB el PC se comunica a través del cable del teléfono mediante sonidos; para el acceso ADSL hay una mínima variación, ya que es el MODEM-Router el que se conecta al cable del teléfono, conectando el PC con el router a través de una tarjeta de red. Esta configuración permite conectar a este router más de un equipo y crear una red de ordenadores. La tarjeta Ethernet o de red, por su parte, sirve para procesar la información que llega o que sale de la CPU a través de las redes de ordenadores. Actualmente muchas de las placas base disponibles en el mercado incluyen la tarjeta de red, de video o de sonido. Esto permite tener disponibles ranuras de expansión para futuras ampliaciones, pero en general, a costa de un detrimento en las prestaciones de los diferentes dispositivos. Por ejemplo en el caso de una tarjeta gráfica integrada, ésta suele tener menos memoria y utiliza la del sistema para su propio uso (memoria compartida) lo que puede suponer un descenso en las prestaciones del sistema.

❦ **Conexiones USB** (Universal Serial Bus). Es un sistema de conexión universal que actualmente permite la conexión de infinidad de dispositivos: una memoria externa, un disco duro, una webcam o una impresora, una linterna o un ventilador. Dado el gran número de dispositivos que pueden utilizar este tipo de conexión, es recomendable tener al menos 4. Existe un nuevo tipo de conexión similar al USB, el *Firewire* (con una velocidad de hasta 400 Mbps!!!) que se está empezando a implantar actualmente, pero que no está tan extendida como el USB.

❦ **Unidades de almacenamiento**, disco duro, CD, DVD o Blu-ray. Son dispositivos de almacenamiento de información permanentes. Es decir, la información almacenada en ellos no se elimina al apagar el equipo. Se conectan a la placa base a través de conexiones específicas (Buses IDE) o actualmente también mediante conexiones USB, por lo que pueden estar en el interior del chasis o en el exterior.

☝ La **fuente de alimentación**. Es un dispositivo cuya función es proporcionar corriente continua a todos los dispositivos incluidos en el chasis. La fuente de alimentación es básicamente un transformador de los 220 V de corriente alterna de los enchufes a 5 y 12 V de corriente continua para alimentar los circuitos y los motores de las unidades de disco, respectivamente.

Soportes de almacenamiento de información.

Es necesario guardar la información de manera permanente en los denominados **soportes de información**. Asimismo, en algunos casos, es necesario disponer de dispositivos conectados a las computadoras capaces de leer y escribir la información en estos soportes, es el caso de los CDs, DVDs o Blu-ray. A estos dispositivos se los denomina **unidades de entrada/salida**.

Los ordenadores personales actuales incluyen habitualmente dos tipos de soportes de información, según el medio físico que utilizan para codificar y almacenar la información: a) medios magnéticos, b) medios ópticos y c) estado sólido. Actualmente existe la posibilidad de almacenar información en chips de memoria "flash" permanente y sumamente portátiles, es el caso de la mayoría de almacenamientos del tipo "*Pen-Drive*" de conexión USB o las tarjetas de memoria.

Medios magnéticos. El disco duro.

Son aquellos que codifican y mantienen la información en algún medio magnetizable. Son utilizados como método de almacenamiento masivo. En general, son elementos físicos compuestos por una base de plástico o metal recubierta de una fina capa de material magnético en la que se registra la información en puntos magnetizables. Su funcionamiento se basa en la propiedad de imantarse de determinados metales, al ser sometidos a la acción de un campo magnético (producido por la cabeza de escritura de la unidad). Los puntos magnetizados se detectan por la corriente que la imantación produce en el material conductor de la cabeza de lectura. Son soportes reutilizables, ya que la información que contienen puede ser borrada y grabada tantas veces como sea necesario.

El **disco duro** es el ejemplo más extendido de este tipo de almacenamiento sobre medios magnéticos, una vez desaparecieron otras opciones como el disquete (Floppy Disk) o reduciendo su implantación como las cintas magnéticas. Es un soporte de información de **acceso directo**, es decir, se puede acceder a una determina porción de la información sin tener que pasar por toda la anterior. Suele estar construido con un disco de aluminio recubierto por una capa de material magnetizable en la que se registra la información en pistas concéntricas divididas en sectores, que se dividen a su vez en bloques o *clusters*.

Consta de un dispositivo de rotación que mantiene los discos en continuo movimiento (su velocidad viene expresada en revoluciones por minuto o rpm) y un peine de cabezas de lectura/escritura que se mueven sobre la superficie de los discos para leer o escribir la información. Un parámetro importante que determina la calidad de las unidades de disco rígido, además de su capacidad, es el tiempo de acceso a la información almacenada, que debe ser lo más corto posible.

Actualmente están disponibles en el mercado para uso doméstico discos duros con capacidades de hasta varios Terabytes (TB), de diferentes características, internos o externos.

Los discos duros externos presentan diferentes formatos y tipos de conexión, lo más importante será saber su capacidad y su velocidad de transferencia de la información, por ejemplo si se va a grabar una gran cantidad de datos, será más recomendable una conexión del tipo *Firewire* que una USB 2.0.

Soportes ópticos: El CD-ROM, el DVD y el BD.

Se basan en propiedades ópticas de los materiales, generalmente relacionadas con la reflexión y difracción de la luz. El más conocido es el disco óptico (compact disk, CD, cederrón o *Versatile Disk*, VD). Se utiliza para almacenar señales analógicas digitalizadas, tanto musicales como de vídeo, con una alta calidad y densidad de grabación. Poseen gran capacidad de almacenamiento; los CD almacenan hasta 700 MB, los DVD (Digital Versatile *Disk*) hasta 9 GB y los BD (*Blu-ray Disk*) hasta 50 GB, todos descendientes del original *Laser Disk*.

En este tipo de soportes, la información se registra en minúsculas muescas realizadas sobre la superficie del disco denominadas **pits**. Las muescas se detectan al hacer incidir un rayo láser sobre el disco, que se reflejará o no, dependiendo de la ausencia o presencia de una muesca en el punto de incidencia. La principal diferencia entre el CD, el DVD y el BD, que determina su capacidad, es el tipo de láser utilizado. Mientras que en los primeros se utiliza un láser rojo, en el último se utiliza de color azul. Esto supone una menor longitud de onda y por tanto la posibilidad de hacer muescas más pequeñas y más juntas, lo que aumenta considerablemente la capacidad de almacenamiento por unidad de superficie (la superficie total de los discos es de 86,05 cm^2). Otra diferencia fundamental es el sustrato que utilizan, en general es policarbonato plástico, pero en el caso del BD se sustituye en un 52% por fibra de papel. Otra diferencia importante son las tasas de transferencia que se indican más adelante.

Estos soportes pueden ser de solo lectura, en cuyo caso se denominan CD-ROM (*Compact Disk-Read Only Memory*) o DVD-ROM (son los discos originales de música o video), de lectura y una única grabación, CD-R y DVD-R, o de lectura y múltiple grabación, son los CD-RW y DVD-RW. Entre los DVDs existen dos tipos los DVD+R y los DVD-R. Ambos pueden ser leídos por cualquier unidad de lectura de DVD, la única diferencia que presentan es la forma en la que se graba la información y el precio. Además existen los DVD de doble capa que permiten almacenar hasta 9 GB, el doble que los normales que almacenan 4,7 GB, lo mismo ocurre con el BD con capacidades de 25 y de 50 GB.

Las unidades de entrada/salida de este tipo de discos utilizan una técnica avanzada de grabación y lectura basada en el análisis de las reflexiones de determinadas longitudes de onda sobre la superficie del disco producidas al hacer incidir el rayo láser. Actualmente es posible encontrar unidades que son lectoras/grabadores de DVD y de CD, pero necesitaremos otra unidad para los discos Blu-ray, algo que probablemente cambie en breve. Un aspecto importante es la tasa de transferencia de información. Al aumentar la capacidad del disco, debe aumentarse la tasa de transferencia para que los tiempos de acceso a la unidad sean más cortos. El CD tiene una tasa de transferencia de 3,5 Mbps (Megabits por segundo), el DVD oscila alrededor de los 10 Mbps y el Blu-ray entre los 36 y los 54 Mbps[2].

---

[2] Cuidado con las unidades. No es lo mismo Megabit que Megabyte, sobre todo atento a las ofertas de ADSL.

Existe otro tipo de almacenamiento que utiliza tecnología magnética y óptica a la vez, son los llamados discos magnetoópticos y entre ellos se encuentran los MINI DISC, pero su uso no está tan extendido.

Memorias de estado sólido: El SSD.

Las memorias de estado sólido o SSD (*Solid State Drive*) son dispositivos de almacenamiento de datos que utilizan memorias no volátiles del tipo flash en lugar de discos giratorios como los encontrados en los discos duros convencionales. Aunque existen unidades SSD que usan memorias volátiles del tipo SDRAM o DRAM, no los explicaremos aquí. Tampoco incluiremos aquí los *pen-drive* y las tarjetas de las cámaras de fotos o de móviles, que también estarían incluidos en este tipo, por tratarse de unidades portátiles y, en general, de menor capacidad. Aquí describiremos las unidades de almacenamiento masivo que pueden sustituir a los actuales discos duros y cuyo funcionamiento está basado en la física del estado sólido. Es frecuente hablar de disco de estado sólido, traduciendo la "D" de "SSD" por disco en vez de por unidad (*drive* en inglés).

Entre las principales ventajas de este tipo de dispositivos podemos destacar que son más rápidos al arrancar, más rápidos en los procesos de lectura y escritura (cientos de veces más rápidos que los discos duros mecánicos), consumen menos energía y producen menos calor, son silenciosos y son más ligeros. No obstante tienen algunos inconvenientes como que tienen un "menor tiempo de vida confiable", esto es, la información que almacenan tiene una vida más limitada (entre 100.000 y 300.000 ciclos de escritura y lectura) mientras que los discos duros convencionales tienen una durabilidad de más de una década. Otra desventaja es que en caso de fallo, se perderá toda la información de la celda afectada, mientras que en un disco duro convencional es posible analizar la superficie y recuperar cadenas de datos afectados y reconstruirlos mediante programas específicos.

Otros soportes de información.

Actualmente existe una gran variedad de dispositivos de almacenamiento como son las tarjetas de memoria (*Compactflash, SmartMedia, Secure Digital, Memory Stick*) que requieren un terminal de lectura de tarjetas o las memorias USB del tipo "*PenDrive*" o "*USB Key*" que en algunas ocasiones incorporan reproductores de música en formato MP3 o Webcams. Su funcionamiento es equivalente a los discos de estado sólido y suelen ser utilizados como sistemas de almacenamiento temporal o para el transporte de datos de un equipo a otro.

Otras unidades de entrada/salida: Monitores, teclados, ratón.

El monitor.

El monitor es el principal dispositivo de salida de información del ordenador. La información que se muestra en el monitor se representa visualmente mediante la activación de puntos luminosos. Actualmente los monitores disponibles en el mercado son de cristal líquido o LCD (*Lyquid Cristal Dysplay*), también conocidos como TFT (*Thin-Film Transistor*) que es una tecnología que mejora las prestaciones de los originales LCDs. Los antiguos monitores CRT (*Cathodic Ray Tube*) están en desuso y estaban compuestos por un tubo de rayos catódicos. Los monitores LCD, al no emitir electrones como hacían los CRT, son menos perjudiciales para la vista, por lo que producen menos dolores de cabeza y menor efecto de vista cansada.

Ya hay algún monitor a la venta que incluye la posibilidad de manejar el ordenador mediante el tacto, son las pantallas táctiles. Es muy probable su generalización en un futuro no muy lejano, sobre todo impulsado por los futuros sistemas operativos que, al parecer, incluirán esta nueva interfaz. Incluso se habla de sistemas *multi-touch* que permitirán el manejo del ordenador mediante el contacto en varios puntos de la superficie de la pantalla a la vez, y no con un único punto de contacto como ocurre actualmente.

Antes de describir las principales características de un monitor, es necesario introducir el concepto de **resolución**. La resolución de una imagen se define como el número de **píxeles** (*PICTure ELEment*) o puntos de color que la forman y, por tanto, determina su calidad. Cuanto mayor número de píxeles, mayor será el detalle de la misma como se muestra en la Fig. 2.1. Además, la calidad estará limitada por el número de puntos luminosos del monitor.

La resolución suele darse en forma de matriz AxB, donde A y B representan el número de píxeles en las líneas horizontales y verticales. Es importante no confundir los conceptos de píxel y de punto luminoso; como se ha indicado, el segundo es una característica física del monitor. Un píxel puede estar formado por varios puntos luminosos. Si nos fijamos en la imagen de la derecha de la Fig. 2.1 sólo tiene 25 píxeles y al mostrarla en un monitor, muchos puntos de la pantalla presentarán el mismo color para mostrar ese único píxel. Por el contrario, la imagen de la izquierda (300x300 píxeles) está presentada en el monitor por un elevado número de puntos luminosos, pero puede ocurrir que una imagen tenga más píxeles que puntos luminosos el monitor; en este caso la imagen se adecua al número de puntos luminosos (se muestra más pequeña que el tamaño original), pero la imagen no pierde calidad.

Una imagen de 1660 x 1200 píxeles de resolución equivale a 1.920.000 píxeles ó 1,92 Megapíxeles, forma frecuente de indicar la resolución en cámaras digitales. Es importante tener en cuenta que de nada sirve escanear o realizar fotografías con un número de megapíxeles elevado cuando al final la imagen se va a mostrar en un monitor con un número de puntos luminosos limitado y general muy inferior. Si insertamos esas imágenes en archivos de texto o en presentaciones, estaremos insertando más información de la que luego se mostrará, con lo que no conseguiremos más calidad y sí, un aumento innecesario del tamaño de los archivos. Las imágenes de la fila inferior de la Fig. 2.1 muestran la imagen intentado aproximar el número de píxeles al número de puntos luminosos.

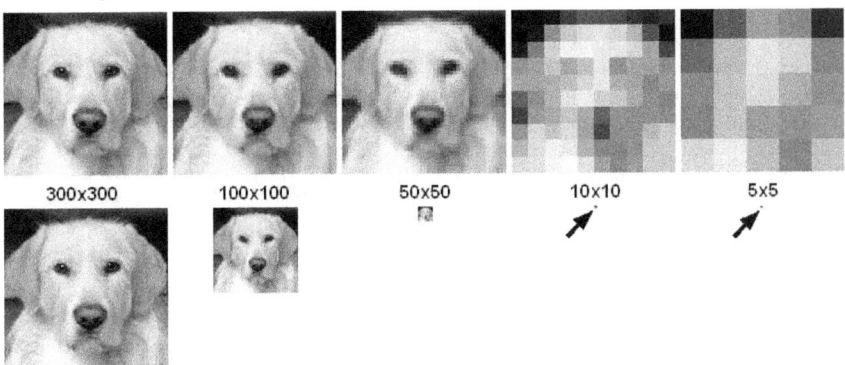

Figura 2.1. Imágenes con diferentes resoluciones (fila superior). Las mismas imágenes representadas con el mismo número de píxeles que de puntos luminosos.

Las características fundamentales de un monitor son:

☞ El **tamaño** medido en pulgadas, refleja la longitud de la diagonal del monitor.

☞ El **tamaño del punto luminoso** medido en milímetros determina, junto con el tamaño de la diagonal, el número de puntos luminosos del monitor en horizontal y en vertical. Cuanto menor sea el tamaño del punto luminoso, mayor será su número y por tanto mayor será la resolución máxima del mismo.

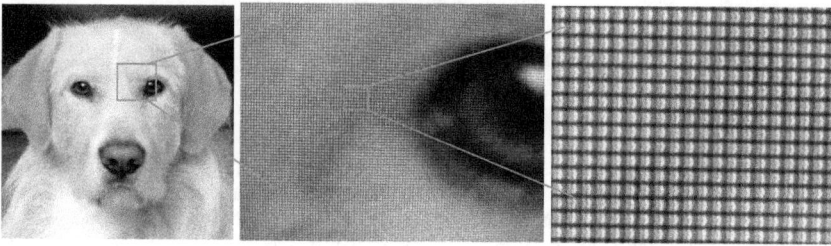

Figura 2.2. Ampliación de los puntos luminosos de un monitor.

☞ El **tiempo de respuesta** medido en milisegundos (ms) determina la velocidad de los diferentes puntos luminosos para responder y cambiar de color. Un tiempo de respuesta elevado proporcionará imágenes fantasma cuando se muestra video o imágenes en movimiento.

☞ El **ángulo de visión** determina los ángulos vertical y horizontal máximos en los que se puede visualizar una imagen correctamente, sin pérdida de calidad.

En resumen, cada monitor posee un área visible y un tamaño de punto determinados, lo que determina el **máximo** número de puntos que pueden iluminarse en el área visible. Para aprovechar todo su potencial, el sistema debe ser capaz de aprovechar la resolución máxima del monitor, lo que se consigue mediante la **tarjeta gráfica**. La memoria de la tarjeta gráfica determina el número máximo de colores que se pueden mostrar en el área visible del monitor para una resolución dada.

Por ejemplo, si se desea visualizar las imágenes en color de alta densidad (más de 65.000 colores) de 16 bits con una resolución de 1024x768, entonces la tarjeta gráfica debe ser capaz de gestionar al menos (1024 x 768 pixeles x 16 bits) = 12.582.912 bits (si dividimos entre 8 tendremos Bytes, entre $(1024)^2$ tendremos Megabytes) = 1.5 MB de memoria. Esto significa que una tarjeta gráfica con 1MB de memoria no puede gestionar imágenes en color de alta densidad y con una resolución de 1024x768; o bien, que la máxima resolución a la que se pueden representar imágenes en color de alta densidad es de 800x600, ya que esta configuración sólo requiere 0,91MB de memoria.

Lo ideal son monitores grandes (tamaño > 19"), con un tamaño de punto luminoso pequeño (0.25 mm) y un tiempo de respuesta corto (4 ms).

Teclado.

Es una unidad de entrada de información. Permite al usuario introducir información en forma de texto. Normalmente tiene un conjunto de teclas agrupadas en cuatro bloques denominados: alfabético, numérico, de control y de función.

Es un elemento en contacto permanente con el usuario. Una mala postura o un mal diseño del mismo pueden producir graves lesiones, por tanto y al contrario de lo que ocurre habitualmente, deberíamos poner mucha atención al diseño ergonómico de este dispositivo.

Actualmente existen muchos modelos de diferentes diseños, con o sin cables que en muchos casos incorporan teclas de acceso rápido configurables por el usuario, controles multimedia u otros.

La distribución actual de las teclas del teclado, se remonta a las primeras máquinas de escribir, las cuales eran puramente mecánicas y la impresión se producía por macillos que golpeaban el papel. Cuando la escritura era rápida, los macillos no tenían tiempo de volver a su posición de reposo. Esto obligó a distribuir las teclas de una forma menos ordenada, con el fin de ralentizar la escritura y que las letras que, habitualmente van juntas en cada idioma, estuvieran más separadas. Cuando aparecieron las primeras máquinas de escribir electrónicas y los primeros ordenadores, se diseñó un teclado en el que las letras más frecuentes se encontraban en el centro (Teclado de Dvorak), pero cuando ya estaba todo listo para su fabricación y distribución, se abandonó el proyecto por miedo al rechazo y los problemas que la adaptación podría acarrear. Por tanto, la actual distribución de las teclas de un teclado es así para evitar una escritura más rápida.

Ratón.

Es una unidad de entrada de información. Permite al usuario ejecutar comandos de la computadora mediante sucesos (clics). Se caracteriza por el número de botones que posee y la tecnología que utiliza para detectar el movimiento; lo más frecuente es que además dispongan de rueda de desplazamiento vertical y horizontal.

Es indispensable que posean un diseño ergonómico o el uso de almohadillas para apoyar las muñecas y así evitar lesiones. Es un elemento al que normalmente se presta poca atención, pero debería ser al que más le prestáramos debido a que el contacto con el ordenador se hace fundamentalmente a través de este periférico de manera constante. Por tanto es recomendable ver y probar varios modelos.

Impresoras.

Las impresoras son unidades de salida de datos en soporte papel o plástico (transparencias). Existen varios tipos, dependiendo de la técnica de impresión que utilicen: lo más frecuente de chorro de tinta o láser. Por esta razón nos centraremos en estas tecnologías, aunque existen impresoras matriciales y de sublimación.

Las principales características de una impresora son:

🖑 La **resolución**. Se define como el número de puntos que puede imprimir por pulgada de papel. Este parámetro se designa habitualmente por el acrónimo **ppp** (puntos por pulgada) o también por **dpi** (*dots per inch*). Esta especificación de una impresora se refiere a la máxima resolución posible y se dice que una impresora proporciona "calidad fotográfica" cuando proporciona una resolución tal que a simple vista no es posible distinguir los puntos de tinta en la imagen impresa. A mayor resolución, mayor nitidez de la imagen impresa, pero más lenta y más cara será la impresión debido al mayor consumo de tinta. La resolución de impresión es un parámetro que se puede configurar. Es posible imprimir a diferentes calidades (por ejemplo, óptima o borrador), cada una de las cuales corresponde a una resolución de impresión diferente.

✌ La **velocidad de impresión**. Se define como el número de páginas por minuto (**ppm**) que es capaz de imprimir. A mayor resolución de impresión, menor velocidad. La especificación ppm de una impresora corresponde a su velocidad máxima.

✌ El **tamaño máximo de papel** sobre el que es capaz de imprimir. Lo habitual son impresoras capaces de imprimir en Din-A4, pero existen impresoras capaces de imprimir A3 y A2. Existen impresoras o *plotters* capaces de imprimir en un ancho de hasta 107 cm son mucho más caras, se denominan "de gran formato" y se utilizan para imprimir carteles o planos.

✌ El **coste** de cada hoja impresa. Esta especificación depende del precio de la tinta, del precio del papel y la resolución a la que se imprima.

Impresoras de inyección de tinta.

Su funcionamiento se basa en el uso de tinta líquida que sale por una boquilla en forma de gotitas. La tinta almacenada en recipientes denominados "cartuchos de tinta" se carga eléctricamente y se guía hacia el papel por medio de placas eléctricas.

En general, la tinta se presenta en 3 colores en un único cartucho o en cartuchos independientes más el negro.

Impresoras láser.

Utilizan el mecanismo de impresión xerográfico con una fuente de luz producida por un rayo láser. Éste carga eléctricamente una superficie fotoconductora a la que se adhiere un polvo especial (**tóner**) que se funde al papel mediante la aplicación de calor para producir los caracteres deseados. El tipo de letra se puede controlar por software. Existen impresoras láser en blanco y negro y a color.

Escáneres.

Son unidades de entrada de información. Sirven para digitalizar información impresa ya sea en formato fotográfico, pósters, páginas de libros, revistas, etc. El resultado de escanear cualquier información (incluso un texto) es siempre un archivo cuyo contenido es una imagen. Existen programas informáticos (denominados *Optical Character Recognizers*, OCR) capaces de reconocer texto en la imagen escaneada y generar, a partir de la misma, un documento de texto editable con un procesador de textos.

Los parámetros más importantes que definen las prestaciones de un escáner son:

✌ La **superficie** escaneable. Existen escáneres capaces de digitalizar superficies Din-A2, A3, A4, etc.

✌ La **resolución**. Al igual que en las impresoras, se define como el número de puntos de información que puede generar en la superficie escaneable. Se mide por tanto en **píxeles** y los programas que los gestionen permiten configurar la resolución a la que queremos obtener la imagen escaneada. A veces no sirve de nada escanear a una resolución muy elevada si luego vamos a imprimir la imagen en una impresora cuya resolución de impresión es mucho menor.

✌ La **velocidad** de escaneo es el tiempo que tarda el escáner en obtener la imagen de la superficie de escaneo.

Componentes software de un equipo informático.

Los ordenadores son máquinas con lógica programada, es decir, las operaciones o algoritmos que pueden desarrollar para procesar la información no están predefinidos en sus circuitos, sino que pueden programarse por medio de los denominados **lenguajes de programación**. Un programa de ordenador no es más que un conjunto de instrucciones escritas secuencialmente en un lenguaje inteligible por la computadora. Se denomina **software** al conjunto de programas que contienen las reglas y normas lógicas que permiten realizar todas las funciones encomendadas a un sistema informático.

Los siguientes elementos son parte del software:

※ El **BIOS** (*Basic Input/Output System*). Es el programa que se utiliza para poner en marcha el equipo al encender el ordenador. También gestiona el flujo de información entre la CPU y los dispositivos de entrada/salida. Es un tipo de *firmware*, lo que significa que es software almacenado en chips de memoria programable de solo lectura (PROM, *Programmable Read-Only Memory*). Viene instalado de fábrica y lo habrás visto aunque no lo habrás identificado siempre que enciendes tu ordenador... es esa pantalla que aparece unos segundos.

※ **Sistema operativo**. Es el conjunto de programas y funciones básicas (pero de nivel superior al BIOS) que controlan el funcionamiento del hardware ocultando sus detalles, ofreciendo al usuario una vía sencilla y flexible de acceso a toda la funcionalidad de la computadora. Es el administrador de los recursos ofrecidos por el hardware. Debe ser instalado por el usuario y aunque las campañas comerciales de Microsoft intentan conseguir que todo ordenador que sale al mercado lleve sus sistemas, existen otras alternativas a Windows, como puede ser Linux o Mac OS. Linux es una opción más barata (gratis), más segura, más personalizable y más estable.

※ Los *drivers* o **controladores** de dispositivos. Son programas específicos que sirven al sistema operativo para que el procesador se comunique con los dispositivos que instalemos en el sistema. Por ejemplo, al instalar una tarjeta de vídeo o una impresora, debemos instalar también los controladores que las acompañan. De no hacerlo, los dispositivos no podrán ser utilizados y podrían causar un funcionamiento anómalo de la computadora; el sistema operativo no "sabría" comunicarse con ellos.

※ Las **aplicaciones informáticas**. Una aplicación informática es un conjunto de programas de propósito específico. Facilitan la realización de tareas específicas (por ejemplo, procesar texto o representar gráficas). Este tipo de software debe ser instalado por el usuario.

Ejemplo práctico: Análisis de las especificaciones técnicas de un ordenador personal.

En este punto se pide al lector que vaya a un par de tiendas de informática y solicite uno o varios presupuestos de sistemas informáticos (ordenador multimedia, impresora y escáner) y que los compare, analizando cual es más conveniente y por qué.

Comprar lo último que ha salido al mercado no garantiza una buena compra. Debemos saber para qué vamos a utilizar el equipo y decidir qué características se adaptan mejor a nuestras necesidades. Si vamos a tratar imágenes, necesitaremos un buen disco duro, una buena tarjeta gráfica y un buen procesador; si vamos a utilizarlo para hacer documentos de texto, navegar por Internet y poco más, nos valdrá cualquiera de los disponibles en el mercado. Por ejemplo, si lo que queremos es un portátil, existen infinidad de ofertas, modelos y especificaciones. En este punto, siempre pregunto a mis alumnos qué característica consideran más importante en un portátil. Unos dicen el procesador, otros la pantalla... yo opino que en un portátil lo más importante es el peso y la duración de la batería. En general un portátil debe ser ligero y fácilmente transportable, pero dependiendo del uso que le vamos a dar, podremos decidirnos entre un NetPC (portátiles con procesadores bastante básicos, poca memoria RAM y poco disco duro, pero extremadamente ligeros – menos de 1 kg – manejables, con muchas opciones de conectividad y, muy importante, son baratos); o bien un "portable" (un portátil con monitor de 17", potente procesador, mucha memoria RAM y gran disco duro, prestaciones comparables a las de un ordenador fijo con un peso similar – pueden alcanzar los 5 kg); o bien un portátil medio (que normalmente incluye todas las desventajas de los dos modelos anteriores y ninguna de sus ventajas, ya que son pesados y con relativamente pocas prestaciones); otra opción podría ser un portátil de alta gama (ligero y potente, pero extremadamente caro) y por último los portátiles ultra resistentes orientados a profesionales que utilizarán el ordenador en condiciones extremas (polvo, caídas, condiciones meteorológicas adversas, etc. – resistentes y carísimos). Al final volvemos al principio, debemos contestar a la pregunta ¿para qué lo vamos a usar? Y si la respuesta es para realizar trabajos normales con un software de ofimática, acceso a Internet, correo electrónico y poco más, sin moverlo demasiado del sitio, entonces la respuesta es sencilla: cualquier portátil del mercado.

Para terminar, ahí van unos consejos personales que probablemente un lector avanzado no comparta, pero intentaré justificarlos de alguna manera:

- El procesador. Actualmente en el mercado existen varias marcas de procesadores, aunque las más conocidas son Intel y AMD. Cada marca fabrica diferentes modelos con diferentes prestaciones. ¿Cuál es mejor o cuál es el consejo? Pues se puede decir que "el más barato". Las prestaciones que presentan las últimas generaciones de procesadores cubren sobradamente las necesidades de cualquier usuario normal. Los procesadores específicos para ordenadores portátiles, reducen su capacidad de proceso cuando el ordenador no está conectado a la red eléctrica, por lo que el consumo se reduce y por tanto, aumenta la duración de la batería.

- La memoria RAM, el consejo sería: "cuanta más mejor". Al tratarse de la memoria que utiliza el equipo para cargar las instrucciones más frecuentes de manera temporal, es recomendable tener bastante, pero debemos saber que los sistemas operativos tienen un límite.

- La placa base o el chipset, para usuarios normales no será una característica crucial en la elección del equipo, cualquiera de las opciones disponibles en el mercado cubrirá sus necesidades.

- El disco duro, ¿de qué capacidad? Pues el de menor disponible en el mercado, que será probablemente el más barato, proporcionará espacio suficiente para guardar documentos, fotos, películas, etc.

- El monitor. Una de las partes más importantes de un ordenador. La salud de nuestros ojos estará directamente relacionada con su calidad, y por tanto, con su precio.

- Impresora. Con la más barata en color disponible en el mercado podremos cubrir las necesidades básicas: imprimir trabajos y alguna foto. Si queremos velocidad de impresión, la opción será una impresora láser, pero debemos estar preparados para pagar el tóner.

- El ratón y el teclado. Es necesario prestar atención a estos dispositivos, para que sean ergonómicos y se deben probar diferentes modelos para determinar su comodidad. Una buena elección, nos evitará dolores de muñeca, cuello o espalda. Pero no todo será el ratón.

MÓDULO 3: Introducción a las aplicaciones informáticas básicas I: Procesadores de texto

Objetivos del módulo

1. Utilizar las características básicas de Microsoft Word 2003/2007.
2. Utilizar las características básicas de OpenOffice Writer.

Bibliografía específica y complementaria.

Aunque estas notas son suficientes para alcanzar los objetivos propuestos, se recomienda al lector que aclare sus dudas y amplíe sus conocimientos con la Ayuda *on-line* de la aplicación, la cual se encuentra en la opción "**?**" o en el menú "**Ayuda**" de la barra de menús o pulsando la tecla **F1**.

Material audiovisual o de Internet.

- Software:
  - Microsoft Word.
  - OpenOffice Writer.
  - Un navegador: Microsoft Internet Explorer, Opera, Mozilla Firefox, Chrome, etc.
  - Descarga gratuita de OpenOffice: http://es.openoffice.org

Diccionario de términos informáticos: http://whatis.com/

- Cursos de Informática: http://www.aulaclic.es/

Objetivo 1

Utilizar las características básicas de Microsoft Word 2003/2007.

¿Qué es Microsoft Word?

Microsoft Word es un procesador de textos. Este tipo de aplicaciones nos permiten trabajar con documentos de texto, insertar imágenes, gráficos, tablas, fórmulas matemáticas, etc. mostrando en la pantalla una imagen exacta a la que tendrá el documento una vez impreso. Existen otros procesadores de textos menos difundidos que Microsoft Word, de carácter libre y gratuito, como son: OpenOffice Writer (http://www.openoffice.org), KWord (http://www.koffice.org/kword/) o AbiWord (http://www.abisource.com).

Durante años, Microsoft ha desarrollado, en mi opinión, una política anticopia muy permisiva. Hasta hace relativamente poco tiempo, el pirateo de muchas de sus aplicaciones era sencillo y parecía estar favorecido por la Compañía de Redmond[1]. Algunos, incluso, han pensado que esta práctica era una estrategia de mercado más, con la que conseguir llegar al mayor número de usuarios posible. Pero esta actitud cambió radicalmente con el programa "Software Microsoft Original" y las herramientas de validación, a lo que hay que sumar las cada vez más frecuentes inspecciones en comercios de informática y leyes más restrictivas y severas. Por lo que ahora, los comerciantes se piensan dos veces si instalar aplicaciones de manera gratuita, sin vender la licencia. Algunos han comenzado a instalar OpenOffice, de manera que ofrecen a sus clientes software ofimático legal y gratuito.

Otra opción es la utilización de herramientas ofimáticas on-line. En 2006, Google puso en marcha "Google Docs" accesible a través de http://docs.google.com. Una vez registrado, el usuario puede crear sus propios archivos de texto (también hojas de cálculo y presentaciones) o editar archivos existentes. Es compatible con los formatos de archivo más frecuentes y para su ejecución no es necesario tener instalado el programa, todo se hace a través de un servidor y una conexión a Internet.

¿En qué consiste este objetivo? Objetivo de habilidades.

En el presente objetivo se desarrollarán una serie de habilidades o acciones a realizar mediante Microsoft Word 2003. La última versión de Microsoft Office, disponible en el momento de la elaboración de este texto, es la 2010, pero nos centraremos en la versión de 2003 que es la licencia de la que dispone la UCLM. No obstante al finalizar este objetivo se indica también cómo hacer determinadas acciones en Office 2010.

1.- Moverse por el entorno de Microsoft Word (barras de menús y botones más importantes de las barras de herramientas).

Una vez ejecutado Microsoft Word, la ventana muestra 5 elementos horizontales o barras: la **barra de títulos**, en la parte superior y en la que aparece el nombre de la aplicación y el nombre del archivo en el que se está trabajando; la **barra de menús** (justo debajo de la anterior) que contiene los comandos de Word, agrupados en menús desplegables (Archivo, Edición, etc.); a continuación las **barras de herramientas** que contienen

---

[1] La ciudad de Redmon, situada a 21 km de Seattle, acoge la sede de Microsoft desde su creación en 1975.

diferentes iconos que facilitan las operaciones más frecuentes (puedes ver una pequeña información del icono si dejas el cursor unos segundos sobre cada icono); la **regla** permite controlar los márgenes, las sangrías y los tabuladores.

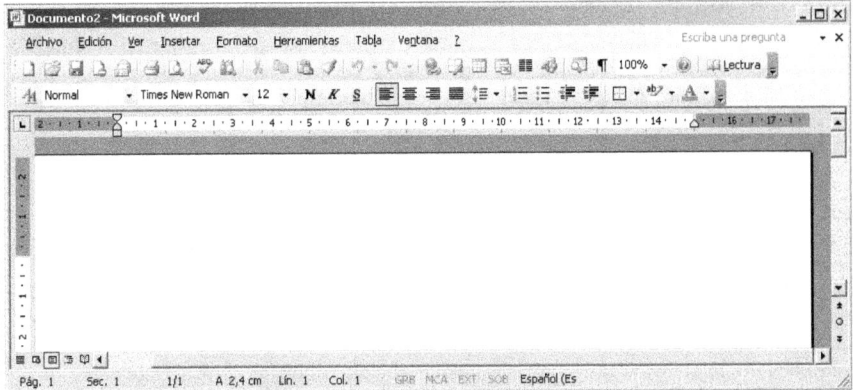

Figura 3.1. Pantalla de Microsoft Word 2003.

En la parte inferior se muestra la **barra de estado** que nos ofrece información general como el número de página, la sección, idioma, etc. Tanto en la parte inferior como a la derecha, se muestran las barras de desplazamiento horizontal y vertical respectivamente.

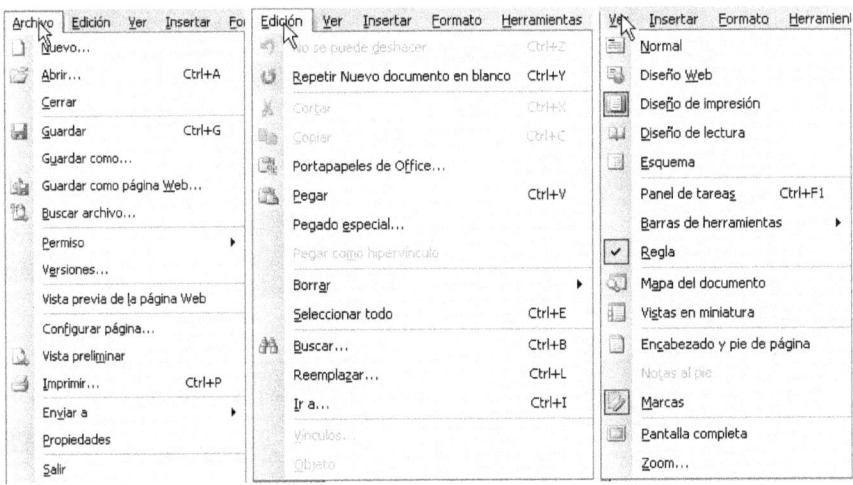

Figura 3.2. Menús: Archivo (izda), Edición (centro) y Ver (dcha).

Cada una de las opciones de la barra de menús: **Archivo**, **Edición**, **Ver**, **Insertar**, **Formato**, **Herramientas**, **Tabla**, **Ventana** y **?**, contiene comandos relativos a un determinado grupo de acciones.

Por ejemplo, el menú "Archivo" (Fig. 3.2 izda) contiene comandos para tratar el archivo (abrir, guardar, etc.), imprimir o configurar la página (márgenes, orientación, tamaño y tipo de papel, etc.). Cada una de las acciones tiene opciones diferentes, algunas se tratarán en los siguientes objetivos propuestos.

En el menú "Edición" (Fig. 3.2 centro) encontraremos acciones que nos permitirán, entre otras cosas, deshacer la última acción o rehacer alguna que hayamos deshecho, copiar o pegar, así como buscar alguna palabra y/o reemplazarla por otra, movernos a través del documento, etc.

En el menú "Ver" (Fig. 3.2 dcha) se pueden seleccionar diferentes formas de visualizar el documento. Cada visualización ofrece diferentes ventajas y elegiremos una u otra dependiendo de nuestras necesidades. Además podremos seleccionar las barras de herramientas, acceder al encabezado y pie de página, o mostrar el documento a página completa y realizar un *zoom* al texto si queremos ver alguna parte con más o menos detalle.En el menú "Insertar" (Fig. 3.3 izda) encontraremos los comandos necesarios para agregar diferentes objetos a nuestro documento de texto, como son un salto de página o de sección, números de páginas, fechas, símbolos, notas al pie, índices y tablas de contenido, imágenes desde archivos que tengamos en nuestro disco duro o de una galería que ofrece Word, podemos insertar marcadores e hipervínculos a otros archivos o sitios web.

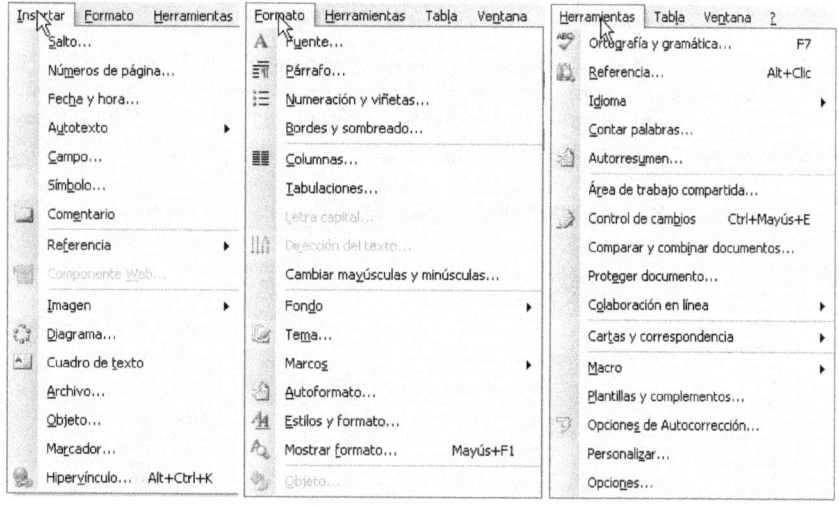

Figura 3.3. Menús: Insertar (izda), Formato (centro) y Herramientas (dcha).

En el menú "Formato" (Fig. 3.3 centro) se pueden encontrar los comandos necesarios para aplicar diferentes formatos a los componentes de nuestro documento de texto: al tipo de letra (fuente), podemos formatear el párrafo (espacio interlineal, espacio entre párrafos, sangrías, etc.), podemos insertar columnas, fondos o crear **estilos,** que son especialmente útiles para formatear un documento de texto de manera rápida y sencilla, lo veremos en detalle más adelante.

En el menú "Herramientas" (Fig. 3.3 dcha) encontrarás diferentes aplicaciones que pueden ayudarte con la ortografía y la gramática, seleccionar diferentes idiomas, contar palabras de manera sencilla, combinar o unir dos documentos, trabajar con algún compañero controlando los cambios o trabajando en línea, preparar sobres y etiquetas, etc. Además incluye una opción para personalizar Word a nuestro gusto y una sección de configuración donde indicar la ubicación de archivos.

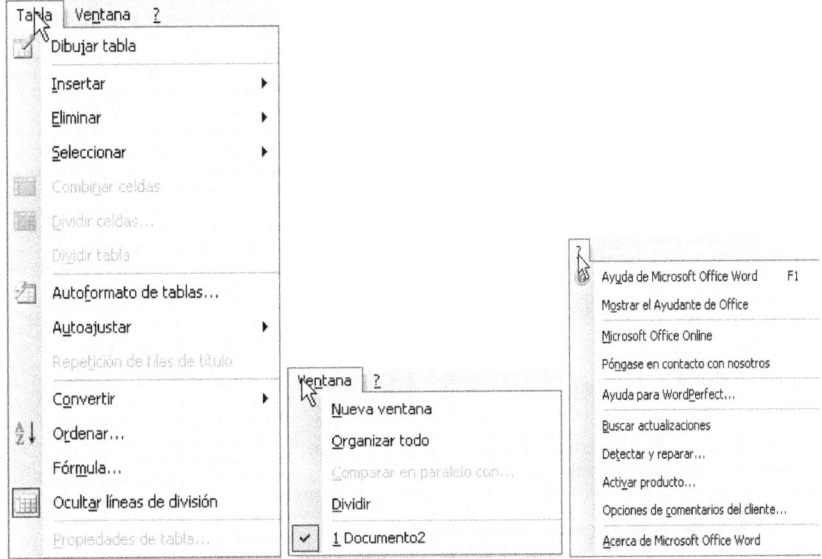

Figura 3.4. Menús: Tabla (izda), Ventana (centro) y ? (dcha).

En el menú "Tabla" (Fig. 3.4 izda) encontrarás todas las herramientas necesarias para trabajar con tablas. Puedes dibujar una tabla o bien insertar una tabla con un formato ya definido por Word (Autoformato). Además puedes combinar celdas, aplicar formatos a celdas, ordenar el contenido, etc.

El menú "Ventana" (Fig. 3.4 centro) permite modificar la ventana en la que estamos trabajando, dividirla en dos y acceder a dos partes diferentes del documento a la vez.

En último lugar, el menú "?" (Fig. 3.4 dcha) nos muestra las diferentes opciones de la ayuda de Word. Podemos acceder a través del contenido o bien preguntar directamente al "Ayudante de Office".

Puedes probar las diferentes opciones y ver lo que hacen, en cualquier momento podrás deshacer mediante el comando disponible en el menú "Edición" pero, ten cuidado con las configuraciones y si cambias algo en el comando "Opciones" o "Personalizar" del menú "Herramientas" recuerda lo que has hecho para poder dejar las cosas como estaban.

2.- Crear un documento nuevo utilizando alguna de las plantillas existentes.

Word proporciona una serie de plantillas o documentos pre-formateados para aplicaciones específicas como una carta, un fax o un currículo. Para acceder a las diferentes plantillas debes hacer clic sobre el menú "Archivo" y después "Nuevo". Si pulsas en el icono (☐) de la barra de herramientas correspondiente, saldrá un archivo nuevo directamente pero en blanco.

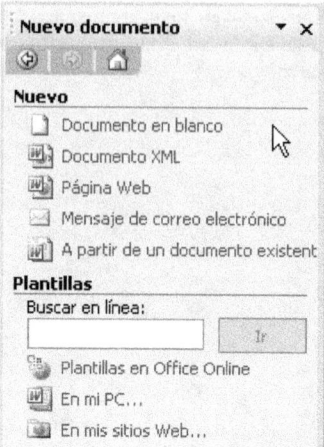

Figura 3.5. Opciones para crear un documento nuevo.

Podremos seleccionar diferentes tipos de documento, buscar plantillas en Internet o bien en nuestro PC, si pulsamos sobre esta última opción podemos acceder a un gran número de plantillas disponibles (Fig. 3.6).

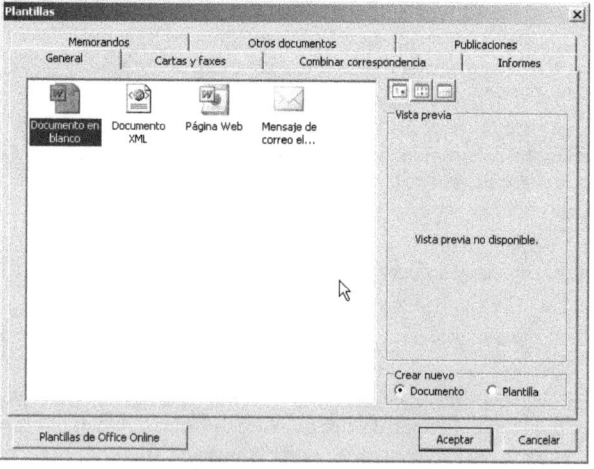

Figura 3.6. Plantillas disponibles para crear un documento nuevo.

Entre las plantillas existentes encontrarás "Páginas web". Word permite hacer páginas web de una manera más o menos sencilla, aunque existen aplicaciones específicas para ello en Microsoft Office como es FrontPage o gratuitas como Nvu (http://www.nvu.es). Además podemos guardar un documento con otros formatos, "Archivo" → "Guardar Como" y abajo en "Guardar como tipo" seleccionar el formato, por ejemplo en HTML.

Informática y Tecnología en Medicina

3.- Configurar la página de un documento.

Desde el menú "Archivo" podemos acceder a "Configurar página...". Accede y prueba las diferentes opciones que se presentan: modificar los márgenes, también permite dejar espacio para la encuadernación, hacer los márgenes simétricos para imprimir por las dos caras, orientación del papel, etc. Estos cambios se pueden aplicar a todo el documento o a una sección determinada.

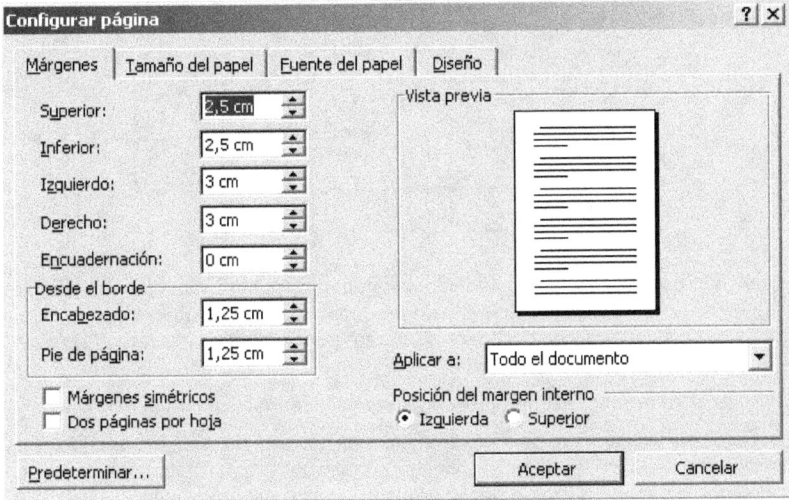

Figura 3.7. Opciones para configurar página

CUIDADO: Si pulsas el botón "Predeterminar..." que aparece en la parte inferior izquierda, Word fijará los valores que hayas indicado en ese momento para TODOS los futuros trabajos que realices.

Se propone el siguiente ejercicio: En la pestaña diseño, seleccionar "Pares e impares diferentes". De esta manera podremos insertar encabezados y pies de página diferentes en páginas pares e impares. Es útil cuando se imprimen documentos por las dos caras de una hoja. Después accede al menú "Ver" y á través de "Encabezado y pie de página" podrás modificarlos. Ten en cuenta que a la hora de trabajar con secciones, cada sección tendrá, a su vez, una configuración diferente para las páginas pares e impares. Es complicado al principio pero, haz la prueba.

4.- Imprimir un documento.

Desde el menú "Archivo" podemos "Imprimir" el documento. La ventana de impresión permite una serie de opciones como son: seleccionar la impresora (por si tienes varias instaladas), elegir las páginas que quieres imprimir (todas, la página en la que se encuentra el cursor en ese momento o un intervalo indicado como se muestra en el ejemplo justo debajo del lugar donde se inserta esta información). Además permite acceder a las "Propiedades" de la impresora donde podremos elegir, por ejemplo, la calidad de impresión o en "Opciones" encontraremos diferentes características para determinados trabajos de impresión.

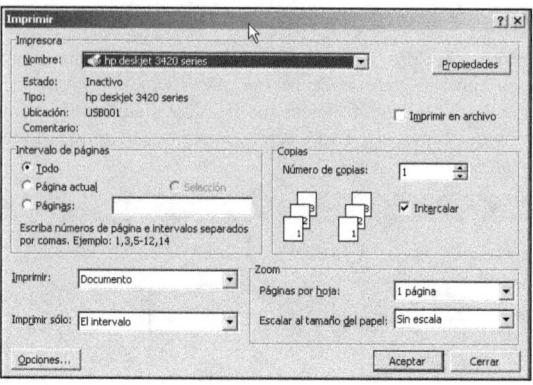

Figura 3.8. Opciones de impresión.

Si por ejemplo se tiene instalado el programa de software libre *PDF Creator* (http://pdfcreator.softonic.com/), éste instala una impresora que aparecerá en esta ventana. Imprimiendo el archivo usando esa "impresora", nos permitirá guardarlo como PDF.

5.- Utilizar el comando "Zoom" para personalizar la vista del documento.

Desde el menú "Ver" podemos seleccionar varias formas de visualización del documento. La vista "diseño de impresión" permite mostrar el documento tal y como quedará una vez impreso. Además podemos modificar el *zoom* (acercándonos o alejándonos del documento). También podemos acceder a esta opción a través del desplegable 35% que está en una de las barras de herramientas.

Word codifica un sinfín de caracteres ocultos, que pueden ser mostrados mediante el icono ¶. A veces, estos caracteres pueden ser útiles para localizar un salto de página o un cambio en el formato del texto que en la vista normal no se muestran.

Desde el menú "Archivo" en "Vista preliminar" o bien mediante el icono podemos visualizar el documento tal y como quedará una vez impreso.

6.- Personalizar las barras de herramientas.

Todas las barras de herramientas que presenta Word son personalizables, esto es, podemos seleccionar las barras de herramientas, o incluso los botones, que queremos que se muestren. Para ello, se puede acceder a través de "Ver" y luego "Barras de Herramientas" o bien con el botón derecho del ratón sobre cualquiera de las barras que se muestran.

Podemos seleccionar las que queremos mostrar o bien podemos acceder a "Personalizar" y seleccionar el botón, en la pestaña "Comandos", que queremos añadir y arrastrarlo hasta el lugar sobre la barra de herramientas en el que queremos colocarlo. Para quitarlo, arrastraremos el botón desde la barra de herramientas, al cuadro de diálogo de personalización. Por ejemplo, hay un botón en la barra de formato de texto que permite poner subíndices, intenta ponerlo y quitarlo.

Hay que tener cuidado con lo que se hace si luego queremos deshacer los cambios.

7.- Insertar objetos en un documento: imágenes, ecuaciones, películas, sonido, etc.

Word permite insertar una gran variedad de objetos, incluso películas o sonidos. Si pensamos en que el documento será imprimido, la inserción de este tipo de elementos multimedia no tiene mucho sentido, pero si pensamos en una página web, es muy posible que nos sean útiles.

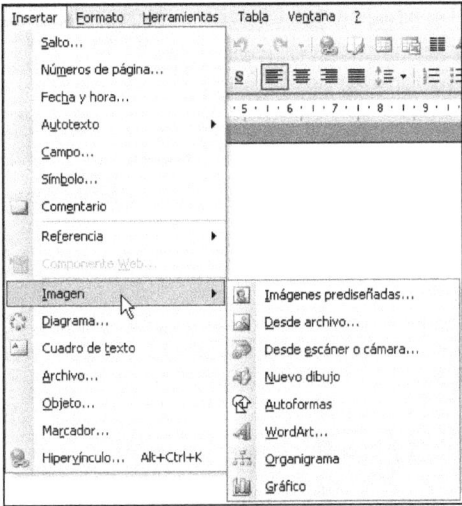

Figura 3.9. Inserción de imágenes y objetos.

Podemos insertar una imagen desde la galería de "Imágenes Prediseñadas" (*clip-arts*) que ofrece Word o bien una imagen desde un archivo de nuestro disco duro ("Desde archivo…". También permite insertar "Autoformas" o títulos con caracteres especiales o "*WordArts*". Todos estos objetos serán tratados como imágenes y podemos modificar sus propiedades haciendo clic con el botón derecho del ratón sobre la imagen y seleccionando "Formato de Imagen". Podremos seleccionar una serie de características, entre ellas el "Diseño" en la pestaña correspondiente que nos permite definir la posición de la imagen en el texto y la forma de adaptarse al mismo. También, si tenemos un escáner o una cámara, podemos capturar una imagen directamente a través de este periférico.

Los WordArts permiten crear títulos o rótulos con unos caracteres más vistosos que los que podemos obtener mediante el formateo de la fuente.

Otro tipo de objeto muy útil, que nos permite insertar Word, son las fórmulas matemáticas, mediante el "Editor de Ecuaciones" accesible desde el menú "Insertar" → "Objeto…" → "Microsoft Editor de Ecuaciones" disponible en la lista que aparece. En este momento se abre una nueva barra de herramientas que permite utilizar diferentes signos matemáticos para la creación de este tipo de elementos de una manera sencilla.

Otro tipo de elementos que Word permite insertar, son los hipervínculos y los "marcadores" (en un determinado punto del documento de manera que luego podemos hacer un hipervínculo a ese punto dentro del documento). Especialmente útiles para la creación de páginas web. NOTA: Para crear páginas web y publicarlas en el Web es importante NO UTILIZAR espacios en los nombres de los diferentes archivos, ya que de otro modo no será posible su publicación en Internet. Los caracteres "raros" también pueden generar problemas.

8.- Corregir la ortografía y la gramática de un documento.

Word incorpora un corrector ortográfico y gramatical que permite corregir un documento al mismo tiempo que se va escribiendo. Hay que tener cuidado ya que existen palabras que se pueden escribir de varias maneras y que Word puede confundir, pudiendo aceptar como válida una palabra incorrecta en un determinado contexto, por ejemplo "halla" y "haya".

Esta herramienta permite añadir palabras al diccionario de Word, pero hay que tener cuidado a la hora de hacerlo para no añadir palabras incorrectas.

El corrector está disponible en el menú "Herramientas". Es conveniente pasarlo al finalizar un documento.

9.- Trabajar con tablas.

Otro elemento importante a la hora de realizar documentos de texto son las tablas. Word permite un gran número de posibilidades para trabajar con esta clase de objetos. Para insertar nuestra primera tabla, accederemos al menú "Tabla" y después a "Insertar" y "Tabla".

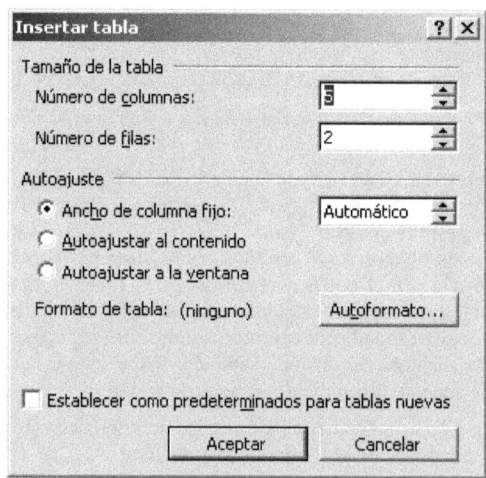

Figura 3.10. Insertar tablas.

Nos aparecerá un cuadro de dialogo (Fig. 3.10) que nos permite indicar el número de columnas (verticales) y de filas (horizontales). Además podemos seleccionar una serie de características de ajuste o de "Autoformato" donde encontraremos tablas prediseñadas que proporcionarán un aspecto más elegante de una manera muy sencilla.

Existen infinidad de posibilidades a la hora de trabajar con tablas en Word y cuyas opciones se encuentran en el menú correspondiente.

10.- Dar formato a un documento de texto utilizando los estilos predeterminados.

Una vez vistos los elementos fundamentales y herramientas que incluye Word, veamos como podemos dar un determinado formato a un documento de una manera eficaz. Estoy convencido de que cuando quieres poner negrita, cursiva o aplicar un tamaño diferente a un texto, utilizas la opción "Formato" de "Fuente" o bien mediante los botones disponibles en las diferentes barras de herramientas. Esto es útil y rápido ya que con un par de clics podéis aplicar este formato al texto seleccionado. Tiene una pega y es que debéis repetir la operación cada vez.

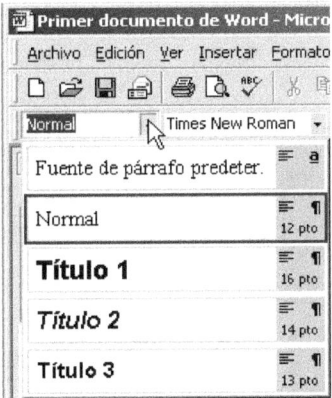

Figura 3.11. Desplegable de estilos.

Pero Word es mucho más potente y útil de lo que jamás has imaginado, gracias a los **estilos**. Un estilo es un conjunto de formatos de fuente, de párrafo o incluso tabulaciones, idiomas o bordes, todo en uno. De esta manera podemos incluir en un único estilo, infinidad de características de formato y aplicar todas ellas, al aplicar el estilo. Podemos utilizar los diferentes estilos predeterminados o crear nuestros propios estilos para aplicar un determinado formato al texto con un único clic.

Hay una lista desplegable desde donde podemos aplicar los estilos predeterminados como son "normal", "Título 1", etc. Cada uno de ellos, como se muestra en la Fig. 3.11, dispone de características diferentes. Estos estilos predeterminados permiten dar formato a un texto de manera rápida.

11.- Crear estilos nuevos.

Pero además existe la posibilidad de crear estilos nuevos o de modificar los existentes. De manera que antes de comenzar a escribir un documento, yo recomiendo crear todos los estilos que vayamos a utilizar, estilos para títulos, subtítulos, pies de página, etc.

Como se ha indicado, un estilo no es sólo el formato de la fuente, sino también el del párrafo, los tabuladores o incluso el idioma. Así que encontraremos diferentes opciones para aplicar los diferentes formatos.

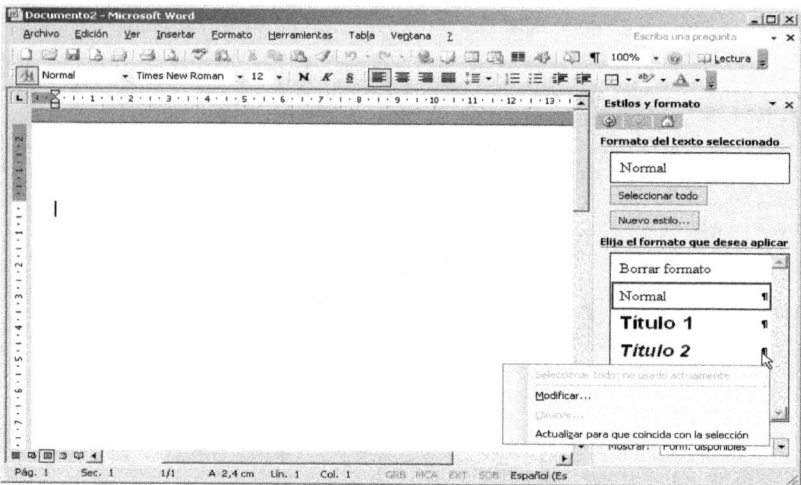

Figura 3.12. Estilos disponibles.

Para ello debemos ir al menú "Formato" y después seleccionar "Estilos y Formato...". A la derecha de la pantalla (Fig.3.12) aparecerá una lista de estilos disponibles que podemos **modificar** mediante el desplegable que aparece en cada estilo disponible cuando pasamos el ratón por la derecha del mismo. Aunque para empezar, vamos a crear un estilo nuevo. Para ello hacemos clic sobre "Nuevo estilo". Entonces aparecerá la ventana en la que podemos definir cada una de las características del nuevo estilo a través del desplegable "Formato" (Fig.3.13).

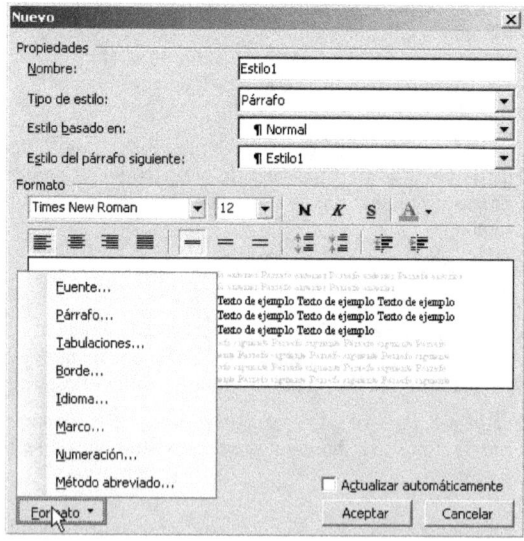

Figura 3.13. Opciones para crear estilos nuevos.

Antes de hacer nada hay que poner un "Nombre" al nuevo estilo (por defecto Word asigna "Estilo1"). Después, debemos definir si será un estilo de "Párrafo", esto es, que lo aplicaremos a párrafos enteros, o de "Carácter", que lo aplicaremos a una palabra o a un carácter suelto. Además podemos basar nuestro nuevo estilo en uno ya existente, lo que nos facilitará la definición de cada una de las características de formato. Además podemos definir el estilo del párrafo que irá después del que estamos definiendo; muy útil.

Podemos definir diferentes características de la "Fuente" (tipo de fuente, color, tamaño, aspecto, etc.), del "Párrafo" (interlineado, espacio entre párrafos, sangrías, etc.). En principio con estas dos características tenemos suficientes, pero prueba el resto, como son las características de "Idioma" o de "Borde".

Aceptaremos cada ventana y en el desplegable de los estilos disponibles aparecerán todos los que creemos, con lo que podremos aplicar el conjunto de formatos de una manera rápida y eficiente, simplemente seleccionando el texto al que queremos aplicar el estilo y seleccionando el estilo a aplicar.

Más adelante veremos que los estilos tienen una aplicación fundamental a la hora de crear tablas de contenido automáticamente, ya que será necesario que definamos estilos para poder realizar esta operación.

Otra ventaja de trabajar con estilos, es que si queremos modificar algún aspecto del documento, por ejemplo el color de un tipo de título utilizado, no es necesario cambiar el formato título a título, sólo con modificar ese estilo, Word cambiará el aspecto en todos aquellos lugares donde se haya utilizado.

12.- Crear una plantilla nueva.

Hemos visto anteriormente como podemos utilizar plantillas presentes en Word, ahora veamos cómo crear nuestra propia plantilla. Una plantilla no es más que un conjunto de estilos. Por tanto, una vez que creemos nuestro conjunto de estilos, podemos guardarlos como una plantilla, de manera que no tengamos que crearlos cada vez que queramos crear un documento nuevo.

Para ello, podemos ir a "Archivo" → "Guardar Como..." y seleccionar como tipo de archivo "Plantilla de Documento". Automáticamente, el destino donde se guardará el archivo cambiará y nos redireccionará al lugar donde se guardan las plantillas, de manera que si queremos hacer un archivo nuevo usando una plantilla, ahora estará en la lista de plantillas disponibles en nuestro PC.

Como ejercicio, te propongo que intentes generar una plantilla con estilos variados: para títulos de diferente importancia, para pies de foto, para encabezados, etc.

13.- Insertar tablas de contenido automáticamente.

Una vez hayamos creado y aplicado estilos a un documento (por ejemplo Titulo1 a los títulos importantes y Titulo2 a los subtítulos de las diferentes secciones), podemos insertar una tabla de contenido (un índice de secciones) de manera sencilla y automática, sin necesidad de ir indicando el lugar del documento donde se encuentra un determinado elemento.

Para ello, iremos a "Insertar" → "Referencia" → "Índice y Tablas" y seleccionaremos la pestaña "Tabla de Contenido". Podemos seleccionar los estilos que queremos que definan las diferentes partes de nuestra tabla de contenido en el botón

"Opciones" indicando el nivel que tendrá cada estilo que hayamos aplicado dentro de la tabla de contenido.

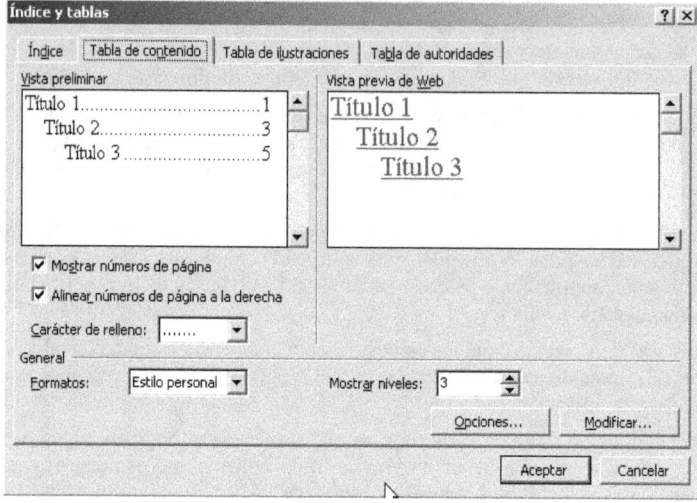

Figura 3.14. Insertar tablas de contenido.

Podemos seleccionar un formato predefinido por Word, diferentes opciones con los números de las páginas, mostrar diferentes niveles de la tabla o "Modificar su aspecto". Esto último es algo más complicado, pero se trata de definir estilos o modificar los existentes (TDC1, TDC2) que serán los que use Word para la tabla de contenido, no para crear la tabla, sino para su aspecto, a través del botón "Modificar".

Una vez aceptemos, se insertará la tabla de contenido en el lugar donde tuviéramos el cursor.

Por último, podemos actualizar automáticamente la tabla de contenido y los números de las páginas sin necesidad de escribirlos. Para ello podemos hacer clic con el botón derecho sobre la tabla de contenido y seleccionar "Actualizar tabla". Podremos actualizar toda la tabla o sólo los números de página. Podremos insertar varias tablas de contenido, por ejemplo una para las secciones creada a partir de los títulos de los apartados del documento; otra para figuras, utilizando el estilo de los pies de las figuras, etc. Habrá que tener cuidado cuando insertemos o modifiquemos una tabla de contenido ya que Word nos preguntará en cada momento qué tabla queremos modificar o generar.

14.- Utilizar el Control de Cambios.

A la hora de elaborar documentos de texto, es sumamente frecuente la necesidad de trabajar en grupo o con otros colegas que se encuentran en un lugar diferente al nuestro. El "Control de cambios" de Word facilita esta labor. Además es una herramienta básica cuando se corrigen trabajos.

Por defecto, el control de cambios está desactivado. Para activarlo, lo haremos a través del menú "Herramientas". Una vez activado, aparecerá una nueva barra de herramientas (Fig. 3.15) y todos los cambios que se realicen en el documento se irán indicando en el margen derecho. La barra del control de cambios, proporciona una serie de comandos que nos permiten insertar comentarios o aceptar o rechazar los cambios propuestos por otro corrector.

Figura 3.15. Barra de herramientas de Revisión (control de cambios).

Te recomiendo realizar el siguiente ejercicio por parejas. Sobre un archivo el alumno 1 realizará cambios e insertará comentarios mediante el control de cambios. Lo guardará y se lo enviará por correo electrónico al alumno 2, quien aceptará o rechazará los cambios y comentarios y realizará e insertará nuevos cambios y comentarios. Después devolverá el archivo al alumno 2.

Esta es la forma habitual de trabajar sobre un archivo de texto, libro, capítulo de libro o artículo científico entre varios autores... aunque me apuesto un "café con bollo" a que más de uno de vuestros afamados profesores científicos, desconocen su existencia.

> **NOTA FINAL: Estas acciones y sus indicaciones no pretenden ser absolutamente aclaratorias. Se recomienda al lector que utilice la ayuda del sistema. La informática se aprende usándola. Antes de terminar, pregúntate si eres capaz de reproducir las acciones propuestas.**

Breve guía para Microsoft Word 2010

Esta brevísima guía pretende proporcionar la receta básica para realizar las operaciones más sencillas e indispensables en Word 2007/2010, sin ninguna pretensión ni profundización.

Se proporcionan los pasos a seguir para realizar lo siguiente:

1. Formateo de página e inserción de encabezados en páginas pares e impares.

2. Creación de secciones y personalización de los encabezados de cada una de ellas.

3. Uso y personalización de Estilos.

4. Inserción de una tabla de contenido y su personalización.

Encabezados en páginas pares e impares

Antes de comenzar a trabajar, si lo que queremos es poder insertar encabezados en páginas pares e impares diferentes, esto es, dar acabado de libro y poder imprimir el documento a doble página, deberemos decirle a Word que prepare el archivo para poder hacerlo.

Esto se hace en la pestaña "Diseño de Página" del "ribbon" (es la parte superior de la ventana de Word que ahora se llama así y es donde están las diferentes herramientas), accediendo a las opciones completas haciendo clic con el ratón en la esquina inferior derecha (Fig.3.16), indicando "Márgenes simétricos" en la pestaña "Márgenes" y en la pestaña "Diseño de página" indicar "Pares e impares diferentes" (Fig. 3.17).

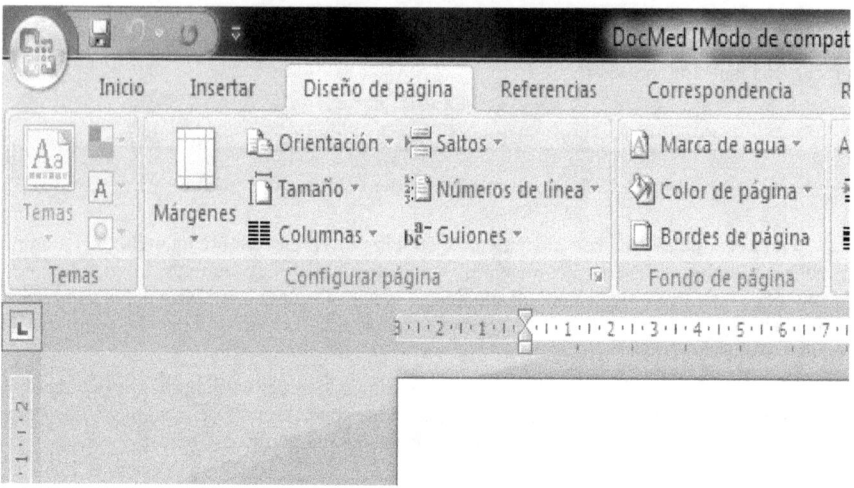

Fig. 3.16. Acceso a "Configurar página".

Lo que podremos hacer entonces, será poner encabezados diferentes en las páginas pares y en las páginas impares. Si abres un libro, podrás comprobar que esto, generalmente, es así.

En estas ventanas de opciones de formato de página, podremos indicar los márgenes (incluso uno específico para encuadernar el documento) o también la orientación del papel.

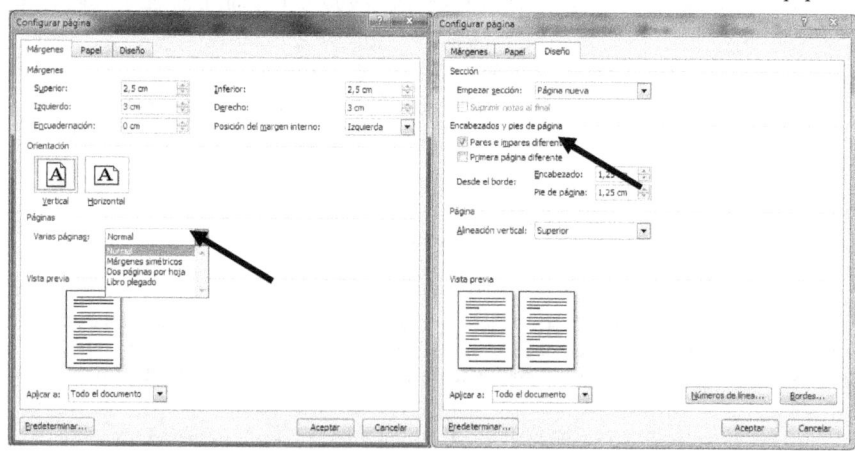

Fig. 3.17. Indicar márgenes simétricos y páginas pares e impares diferentes.

Cuando pulsamos "Aceptar" en la ventana anterior y volvemos al documento, aparentemente no habrá cambiado nada, pero ahora, podremos ir a la pestaña "Insertar" (Fig. 3.18) del "ribbon" e insertar encabezados y pies de página de un tipo (generalmente con el número de página y el encabezado en la parte exterior/derecha) en las páginas impares y de otro tipo (número de página y título del capítulo/encabezado en la parte exterior/izquierda).

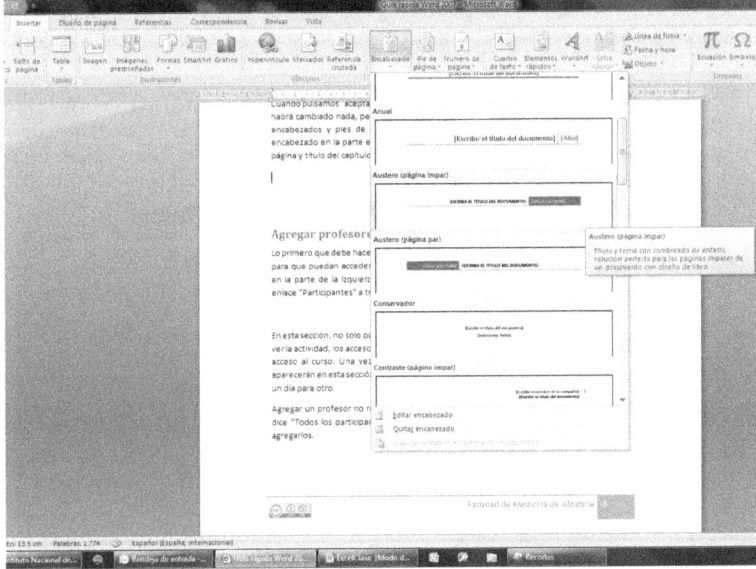

Fig. 3.18. Insertar un encabezado para páginas pares e impares.

Insertaremos un encabezado poniendo el cursor en una página impar y otro encabezado en una página par. De esta forma tendremos, como se muestra en las Figs. 3.19 y 3.20, encabezados y pies de página diferentes en páginas pares e impares.

Entre los modelos predeterminados que ofrece Word 2007/2010, hay algunos que contienen campos fijos que permiten indicar el nombre del archivo, la fecha, etc. Estos campos suelen ser útiles, pero en nuestro ejemplo, en el que queremos personalizar cada encabezado de cada capítulo, puede causarnos algún que otro problema. Así, si insertamos un encabezado/pie de página de este tipo y queremos libertad, recomiendo eliminar esos campos mediante la tecla "supr", no solo el contenido, sino todo el campo.

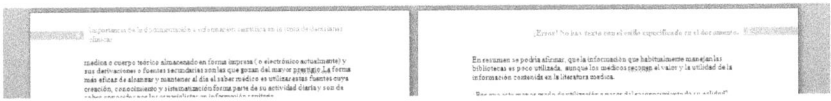

Fig. 19. Encabezados diferentes.

Actuaremos de una forma similar para insertar los pies de página.

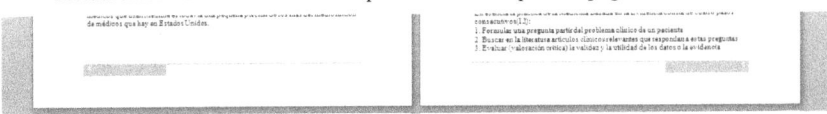

Fig. 3.20. Pies de página diferentes.

Crear secciones y personalizar encabezados

En algunas ocasiones es necesario definir secciones en un documento de Word para poder, por ejemplo, tener unas cuantas páginas con el papel en horizontal, o porque queremos que cada capítulo lleve su propio encabezado con el título del mismo en la parte exterior de la hoja.

Para ello, debemos insertar saltos de sección, que encontraremos en la pestaña "Diseño de página" del "ribbon", en el botón "Saltos" (Fig. 3.21). Hay varios tipos de saltos, pero los que nos interesan en este momento son los cuatro últimos, que además de insertar un salto, crean una sección en el documento.

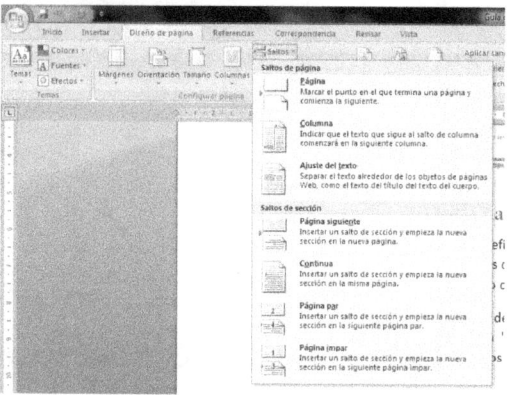

Fig. 3.21. Insertar salto de página, salto de sección a página impar.

En un libro o en un documento con acabado de imprenta, es habitual que los capítulos comiencen en una página impar, una página de la derecha del libro. Para hacer esto, debemos situar el cursor justo antes del título del capítulo/sección que queremos que aparezca al inicio de una página impar, entonces debemos insertar un "salto de sección página impar". Si fuera necesario (en caso de insertar un salto a página impar desde una página impar), Word insertará una página par que no muestra. Repetiremos esta operación en cada uno de los títulos, apartados o capítulos que deseemos crear. Comprobaremos que la creación de secciones se ha realizado correctamente, si hacemos clic sobre el encabezado o el pie de página y se mostrará la información de la sección en la que nos encontramos (Fig. 3.22).

Fig. 3.22. Aspecto del encabezado con la información de la sección.

Además comprobamos que el encabezado de esta sección, está vinculado al encabezado de la sección anterior ya que dice "Igual que el anterior". Esto puede ser útil en determinados momentos, pero si queremos que cada sección tenga un encabezado diferente, antes de modificar su contenido, deberemos desmarcar la opción "Vincular al anterior" (Fig. 3.23) en la barra de herramientas superior (del "ribbon").

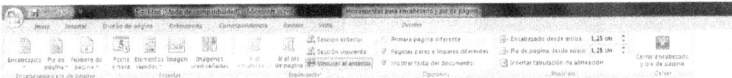

Fig. 3.23. Desvincular del anterior.

Además, como tenemos páginas pares e impares diferentes, deberemos modificar el encabezado de la página par e impar de cada sección. En el "formato de página" que vimos al inicio del documento, hay una opción (justo debajo de donde indicamos que queríamos páginas pares e imapares diferentes), que nos permite "Primera página diferente". Esto está pensado para aquellos documentos en los que, incluso, la primera página de cada sección es diferente al resto. Así que si hubiéramos marcado esta opción, además de los encabezados diferentes de las páginas pares e impares, deberíamos personalizar el de la primera página de cada sección/capítulo.

Personalizaremos el encabezado de cada sección, de página par e impar, del documento.

Uso y personalización de Estilos

Si hay algo en Word que nos hará ahorrar tiempo y mejorar la presentación de nuestros trabajos, son sin duda los "estilos". Un estilo es un conjunto de formatos, no solo de fuente sino que puede contener formato de párrafo, de borde, de idioma, etc. Así, aplicando un estilo, podremos aplicar este conjunto de formatos con un solo clic.

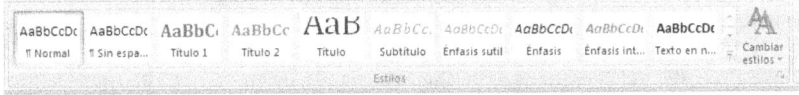

Fig. 3.24. Barra de Estilos.

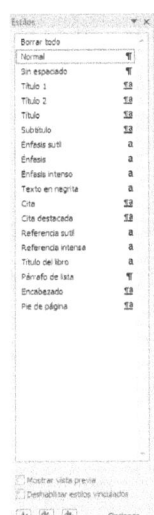

Los estilos están en la pestaña "Inicio" del "ribbon" (Fig. 3.24) y podremos mostrar el cuadro de estilo haciendo clic en el pequeño enlace que hay en la esquina inferior derecha del bloque de estilos de la barra de herramientas. Este cuadro (imagen de la izquierda) podemos arrastrarlo hasta el borde de la ventana y se anclará y se quedará fijo.

Word dispone de un grandísimo número de estilos, incluso agrupados de diferentes maneras y que podremos ver pulsando sobre el botón "Cambiar Estilos" del "ribbon" pero fijémonos en la ventana flotante (si no la hemos anclado) de estilos que hemos activado con el botón de la esquina inferior derecha. Nos proporciona un largo listado de estilos. A través del enlace "Opciones..." en la parte inferior, podremos seleccionar una opción importante y que no sé por qué no viene activada por defecto, esta es "Mostrar siguiente encabezado si se utiliza el nivel anterior".

Bien, pues podemos aplicar los estilos directamente seleccionado el texto que queremos formatear y seleccionando un estilo de la lista. Por defecto los estilos "Título" serán utilizados para los títulos... y dependiendo del número para indicar un mayor o menor grado de importancia. De esta forma, con los estilos de Word 2007, podremos formatear un documento con unos pocos clics de ratón.

Si queremos personalizar alguno de los estilos de Word, podremos hacerlo de una forma sencilla a través del botón desplegable que aparece cuando situamos el ratón sobre un determinado estilo, así accedemos a la siguiente ventana (Fig. 3.25) desde la que, a través del botón "Formato" podremos personalizarlo.

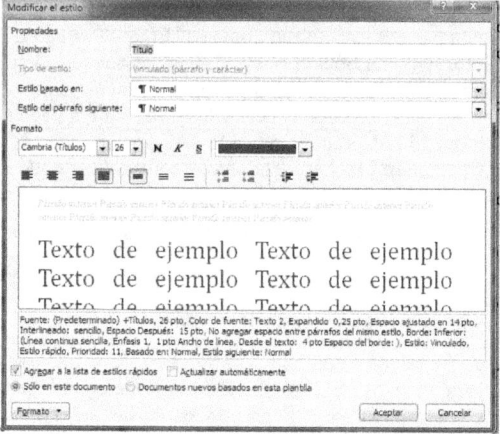

Fig. 3.25. Ventana para la personalización de un estilo.

Además, una de las ventajas de utilizar estilos es que cuando yo modifique o actualice un estilo, todo el texto que tuviera definido dicho estilo, se actualizará y modificará automáticamente casi instantáneamente.

Recomiendo echar un vistazo a las diferentes opciones que hay en "Formato" y jugar con espacios entre párrafos, colores, sombreados, bordes, etc., personalizar los estilos Título de Word, aplicar a cada sección, modificar el estilo "Normal" y que esté justificado en vez de alineado a la izquierda, etc.

El uso de estilos proporciona otra ventaja más, ya que podremos insertar una tabla de contenido de forma automática.

Fig. 3.26. Insertar una tabla de contenido.

En el menú "Referencias" encontraremos la opción "Tabla de contenido". Si hemos aplicado los estilos Título 1, Título 2, etc. Word utilizará estos estilos como referencia para generar la tabla de contenido, que podremos insertar automáticamente, mediante uno de los formatos disponibles.

Si lo que queremos es que Word utilice nuestros estilos personales para generar la tabla de contenido, deberemos seleccionar "Insertar tabla de contenido" entre las últimas opciones que aparecen en la Fig. 3.26. En el botón "Opciones" (Fig. 3.27) podremos indicar a Word el nivel que, dentro de la tabla de contenido, ocuparán los textos así formateados. Si lo que queremos es personalizar la tabla de contenido (sus colores, formatos, etc.), podremos hacerlo, bien modificando el estilo como un estilo más (los de la tabla de contenido son los TDC1, TDC2, etc.), o bien a través del botón "Modificar" de la ventana desde la que insertamos la tabla.

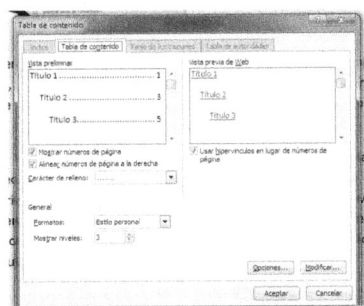

Fig. 3.27. Características de la tabla de contenido.

Aceptando en esta ventana, Word insertará la tabla de contenido. Recomiendo que antes de insertar la tabla de contenido, generéis una sección (página impar) y personalicéis los encabezados.

Para actualizar los números de página de la tabla de contenido, o toda la tabla de contenido, debemos hacer clic con el botón derecho del ratón sobre la tabla y seleccionar "Actualizar campos".

Piensa que podremos crear un estilo propio, por ejemplo, "pie de figura" y aplicarlo en el texto descriptivo de todas las imágenes de un documento... utilizando ese estilo, podremos generar otra tabla de contenido, en este caso de imágenes, de figuras, de tablas, etc.

Objetivo 2

Utilizar las características básicas de OpenOffice Writer.

¿Qué es OpenOffice Writer?

OpenOffice Writer es, al igual que Word, un procesador de textos. Este tipo de aplicaciones nos permiten trabajar con documentos de texto, insertar imágenes, gráficos, tablas, fórmulas matemáticas, etc. mostrando en la pantalla una imagen exacta a la que tendrá el documento una vez imprimido. La principal diferencia entre Word y Writer es que el segundo es software libre y gratuito. Se puede descargar libremente desde http://es.openoffice.org/.

¿En qué consiste este objetivo? Objetivo de habilidades.

En el presente objetivo se desarrollarán una serie de habilidades o acciones a realizar mediante Writer del mismo modo que se han propuesto en el objetivo anterior para Microsoft Word 2003.

El lector habrá alcanzado el objetivo, cuando se capaz de reproducir las siguientes acciones:

1.- Moverse por el entorno de OpenOffice Writer (barras de menús y botones más importantes de las barras de herramientas).

De la misma manera que se ha hecho en el objetivo anterior, en éste se mostrarán los contenidos de los diferentes elementos de la ventana de Writer y de sus menús.

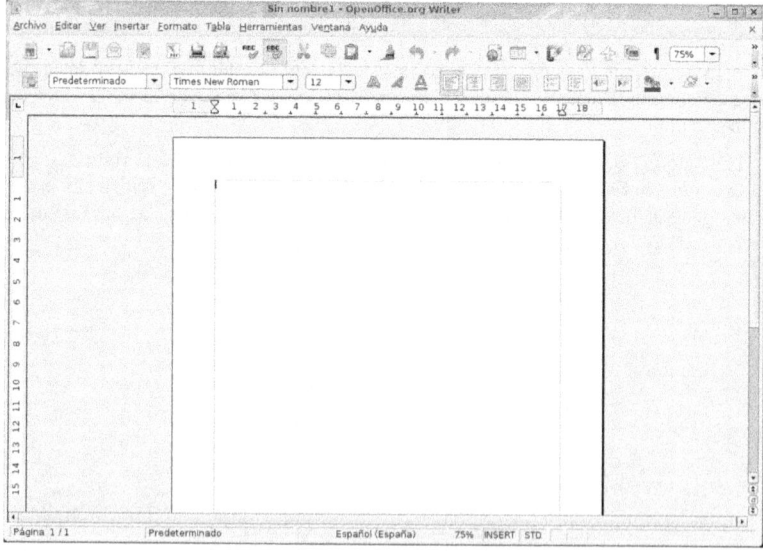

Figura 3.28. Pantalla de OpenOffice Writer.

En la Fig. 3.28 se muestra el aspecto de la ventana de Writer. Se puede comprobar que su aspecto es similar al de Word y en la que encontramos los siguientes 5 elementos con funciones equivalentes a las descritas anteriormente: barra de título, de menús, de herramientas, regla y barra de estado (ver objetivo 1).

Cada una de los elementos de la barra de menús: **Archivo, Editar, Ver, Insertar, Formato, Tabla, Herramientas, Ventana** y **Ayuda**, contiene comandos relativos a un determinado grupo de acciones.

Por ejemplo, el menú "Archivo" (Fig. 3.29 izda) contiene comandos para tratar el archivo (abrir, guardar, etc.), imprimir, firmar un archivo digitalmente, mostrar la vista preliminar o exportar a PDF directamente. Cada una de las acciones tiene opciones diferentes, algunas se tratarán en los siguientes objetivos propuestos.

En el menú "Edición" (Fig. 3.29 centro) encontraremos acciones que nos permitirán, entre otras cosas, deshacer la última acción o rehacer alguna que hayamos deshecho, copiar o pegar, así como buscar alguna palabra y/o reemplazarla por otra, movernos a través del documento, editar el encabezado o el pie de página, etc. Una opción importante es el sistema de corrección accesible a través de "Modificaciones" que se verá en detalle más adelante.

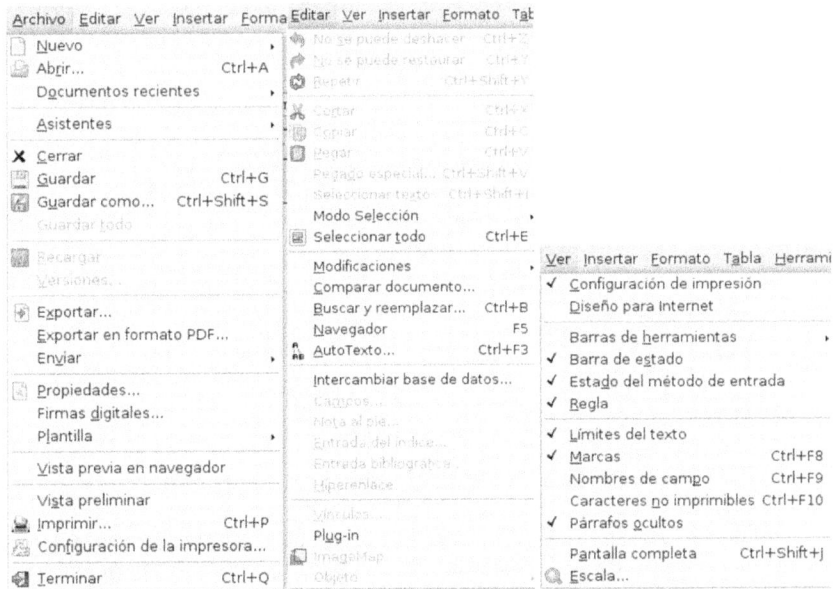

Figura 3.29. Menús: Archivo (izda), Edición (centro) y Ver (dcha).

En el menú "Ver" (Fig. 3.29 dcha) se pueden seleccionar diferentes formas de visualizar el documento. Cada visualización ofrece diferentes ventajas y elegiremos una u otra dependiendo de nuestras necesidades. Además podremos seleccionar las barras de herramientas, si queremos mostrar los diferentes elementos de la ventana principal como la Regla o la barra de Estado o mostrar el documento a página completa y realizar un *zoom* al texto si queremos ver alguna parte con más o menos detalle mediante el comando "Escala".

En el menú "Insertar" (Fig. 3.30 izda) encontraremos los comandos necesarios para agregar diferentes elementos a nuestro documento de texto, como son un salto de página o de sección, números de páginas, fechas, símbolos, notas al pie, encabezados o pies de página, índices y tablas de contenido, imágenes desde archivos que tengamos en nuestro disco duro, podemos insertar hipervínculos a otros archivos o sitios web.

En el menú "Formato" (Fig. 3.30 centro) se pueden encontrar los comandos necesarios para aplicar diferentes formatos a los elementos de nuestro documento de texto: al tipo de letra (carácter), podemos formatear el párrafo (espacio interlineal, espacio entre párrafos, sangrías, etc.), podemos insertar columnas, fondos o crear **estilos** que son especialmente útiles para formatear de manera rápida y sencilla un documento de texto, lo veremos en detalle más adelante.

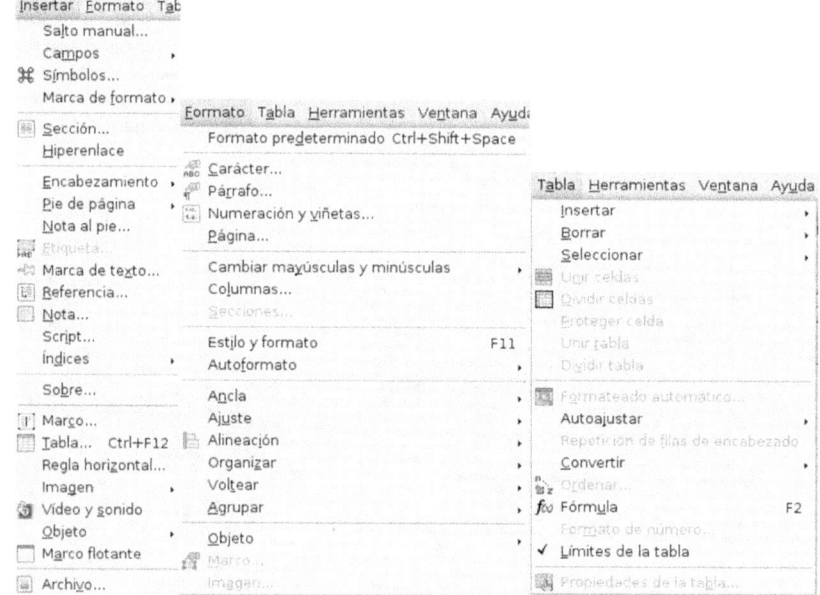

Figura 3.30. Menús: Insertar (izda), Formato (centro) y Tabla (dcha).

En el menú "Tabla" (Fig. 3.30 dcha) encontrarás todas las herramientas necesarias para trabajar con tablas. Puedes dibujar una tabla o bien insertar una tabla con un formato ya definido (Formateado automático). Además puedes combinar celdas, aplicar formatos a celdas, ordenar el contenido, etc.

En el menú "Herramientas" (Fig. 3.31 izda) encontrarás diferentes comandos que pueden ayudarte con la ortografía y la gramática, seleccionar diferentes idiomas, contar palabras de manera sencilla, etc. Además incluye una opción para personalizar Writer a nuestro gusto desde la ordenación de los menús al aspecto de las barras de herramientas. Además, en "Opciones", se ofrece una serie de variables configurables como la ubicación de archivos y las opciones de impresión.

El menú "Ventana" (Fig. 3.31 centro) permite cambiar la ventana en la que estamos trabajando y mostrar diferentes documentos.

En último lugar, el menú "Ayuda" (Fig. 3.31 dcha) nos muestra las diferentes opciones de la ayuda de Writer. Podemos acceder a través del contenido o preguntar directamente señalando un elemento mediante el comando "¿Qué es esto?". Atendiendo al espíritu colaborativo del software libre, la opción *"Report a Bug"* permite, en caso de error, enviar un informe a los desarrolladores de la aplicación para su resolución.

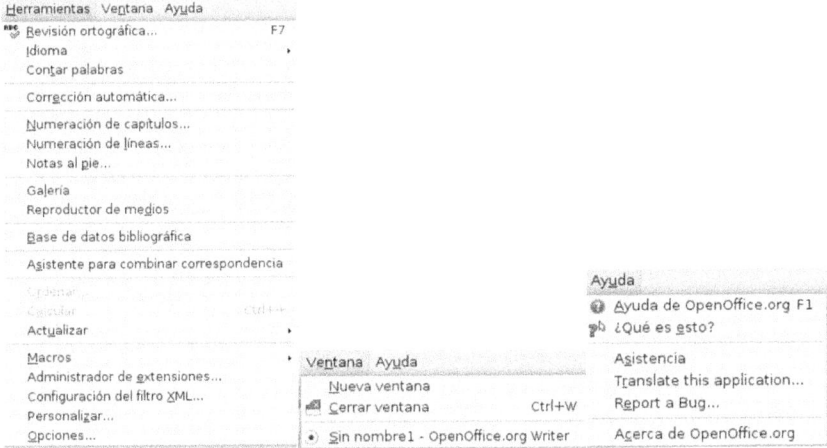

Figura 3.31. Menús: Herramientas (izda), Ventana (centro) y Ayuda (dcha).

Puedes probar las diferentes opciones y ver lo que hacen. En cualquier momento podrás deshacer mediante el comando disponible en el menú "Edición" pero ten cuidado... con las configuraciones y si cambias algo en el comando "Opciones" o "Personalizar" del menú "Herramientas" recuerda lo que has hecho para poder dejar las cosas como estaban.

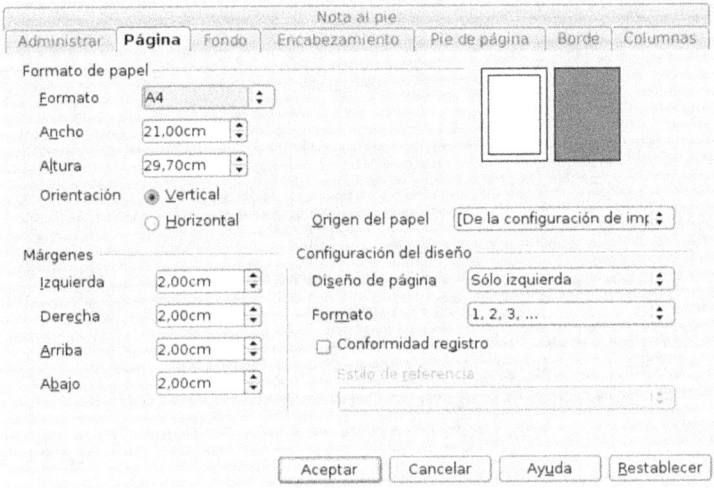

Figura 3.32. Opciones para configurar página.

2.- Configurar la página de un documento.

En el menú "Formato" encontraremos el enlace "Página..." donde podremos especificar todas las características de la página (Fig. 3.32): márgenes, orientación del papel, fondo, encabezamientos y pies de página, bordes o columnas.

3.- Imprimir un documento.

Desde el menú "Archivo" (Fig. 3.33) podemos "Imprimir" el documento. La ventana de impresión ofrece una serie de opciones como son: seleccionar la impresora (por si tienes varias instaladas), elegir las páginas que quieres imprimir (todas o un intervalo). Además permite acceder a las "Propiedades" de la impresora donde podremos elegir, por ejemplo, la calidad de impresión o, en "Opciones", encontraremos otros parámetros interesantes que nos permitirán seleccionar el contenido que queremos imprimir (figuras, tablas, fondo, etc.), imprimir páginas en blanco, etc.

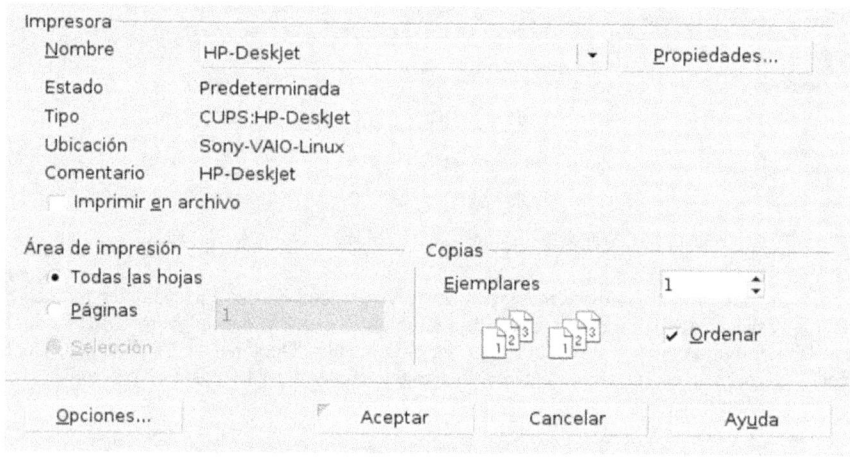

Figura 3.33. Opciones de impresión.

4.- Utilizar el comando "Escala" para personalizar la vista del documento.

Desde el menú "Ver" podemos seleccionar varias formas de visualizar el documento. La vista "diseño de impresión" permite mostrar el documento tal y como quedará una vez imprimido. Además podemos modificar el *zoom* (acercándonos o alejándonos del documento). También podemos acceder a esta opción a través del desplegable [85%] que está en una de las barras de herramientas.

Writer, al igual que Word, codifica un sin fin de caracteres ocultos, que pueden ser mostrados mediante el icono ¶. A veces, estos caracteres son útiles para localizar un salto de página o un cambio en el formato del texto que en la vista normal no se muestran.

Desde el menú "Archivo" en "Vista preliminar" o bien mediante el icono correspondiente en la barra de herramientas, podemos visualizar el documento tal y como quedará una vez impreso.

5.- Personalizar las barras de herramientas.

Todas las barras de herramientas que presenta Writer son personalizables, esto es, podemos seleccionar las barras de herramientas o los botones, que queremos que se muestren en cada una de ellas. No sólo las barras de herramientas, también los menús y su contenido. Para ello, se puede acceder a través de "Ver" y luego "Barras de Herramientas" y "Personalizar" o bien pulsando el pequeño desplegable a modo de flecha apuntando hacia abajo que se puede encontrar en la parte derecha de cada barra de herramientas.

Podemos seleccionar las barras que queremos mostrar o bien podemos acceder a "Personalizar" y elegir los botones que queremos añadir o quitar. Por ejemplo, hay un botón en la barra de formato de texto que permite poner subíndices, intenta ponerlo y quitarlo. La pestaña "Menús" permite personalizar los menús de Writer.

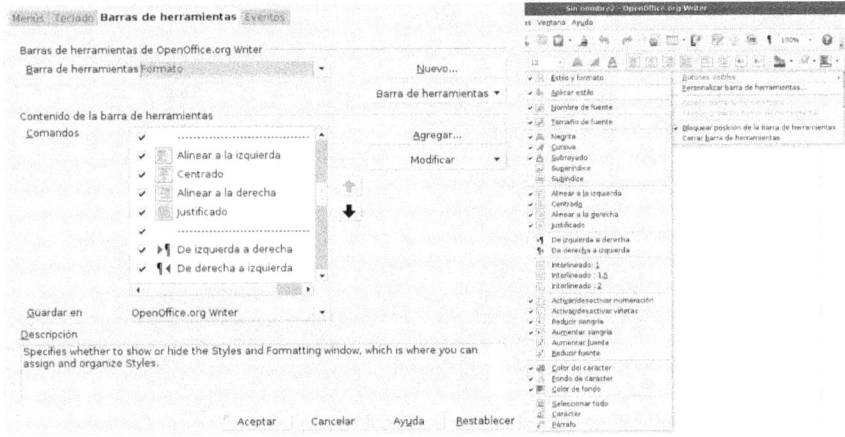

Figura 3.34. Opciones de personalización de las barras de herramientas.

Hay que tener cuidado con lo que se hace, ya que los cambios que hagamos son permanentes... por si luego queremos deshacerlos.

6.- Insertar objetos en un documento: imágenes, ecuaciones, películas, sonido, etc.

Writer permite insertar una gran variedad de objetos, incluso películas o sonidos. Si pensamos en que el documento será imprimido, la inserción de este tipo de elementos multimedia no tiene mucho sentido, pero si pensamos en una página web, es muy posible que nos sean útiles.

Podemos insertar una imagen desde un archivo de nuestro disco duro a través de "Insertar", "Imagen", "a partir de archivo" (Fig. 3.35). Podremos seleccionar una serie de características haciendo clic con el botón derecho y seleccionando "Imagen" como el tamaño, el ajuste o el borde (Fig. 3.36). También, si tenemos un escáner o una cámara, podemos capturar una imagen directamente a través de este periférico.

Otro tipo de objeto muy útil, que nos permite insertar Writer, son las fórmulas matemáticas, mediante "Insertar", "Objeto...", "Fórmula". Se abrirá una nueva barra de herramientas que permite utilizar diferentes signos matemáticos para la creación de este tipo de elementos de una manera sencilla. Si esta opción no estuviera disponible y usa Linux, a través del "Gestor de Paquetes Synaptic" deberá instalar el paquete "openoffice.org-math".

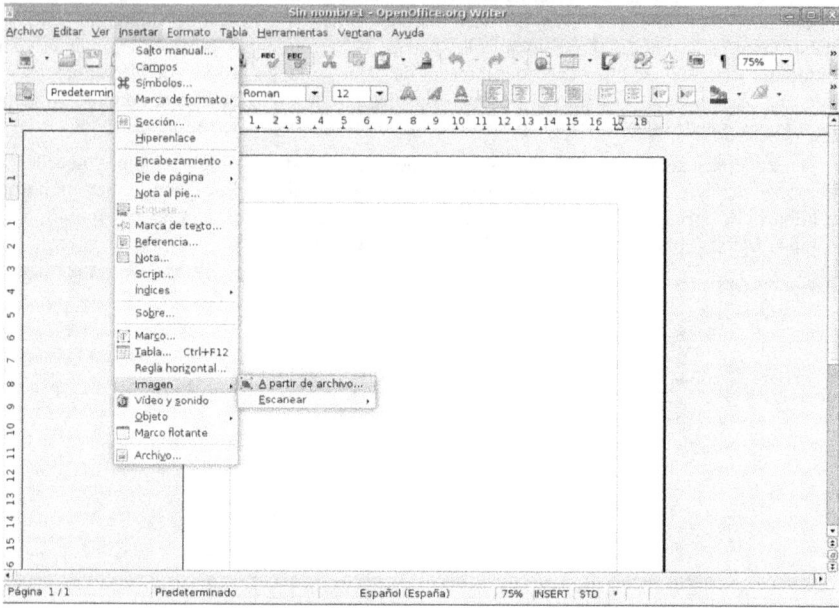

Figura 3.35. Inserción de imágenes y objetos.

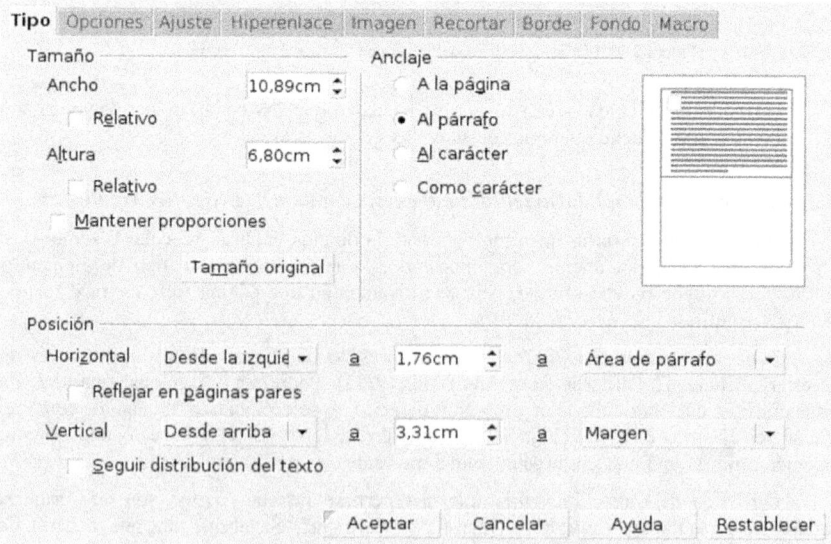

Figura 3.36. Opciones de Imagen.

Informática y Tecnología en Medicina

A través del menú "Insertar" también podremos incluir en nuestro documento secciones, hiperenlaces o tablas.

7.- Corregir la ortografía y la gramática de un documento.

Writer también incorpora un corrector ortográfico que permite corregir un documento al mismo tiempo que se va escribiendo. Hay que tener cuidado ya que existen palabras que Writer puede confundir, pudiendo aceptar como válida una palabra incorrecta en un determinado contexto, por ejemplo "halla" y "haya". El corrector también está disponible en el menú "Herramientas". Es conveniente pasarlo al finalizar un documento.

Si no estuviera disponible esta opción o no reconociera el español, se debe habilitar a través de: "Herramientas", "Opciones", "Idiomas", "Occidental" y seleccionar "Español (España)" que tiene un "tic" con las letras "ABC" delante. Si no estuviera disponible, a través del Gestor de Paquetes Synaptic, se deberá instalar el paquete "language-support-es".

8.- Trabajar con tablas.

Otro elemento importante a la hora de realizar documentos de texto son las tablas. Writer permite un gran número de posibilidades para trabajar con esta clase de objetos. Para insertar nuestra primera tabla, accederemos al menú "Tabla" y después a "Insertar" y "Tabla".

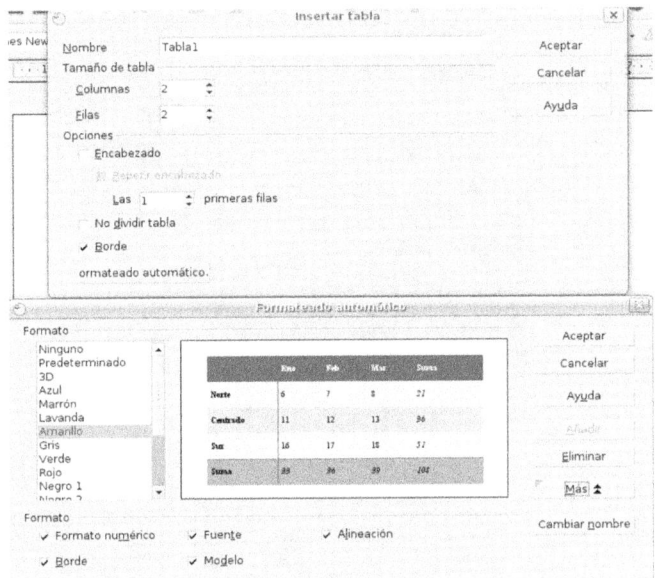

Figura 3.37. Insertar tablas y formateado automático de tablas.

Nos aparecerá un cuadro de dialogo (Fig. 3.37) que nos permite indicar el número de columnas (verticales) y de filas (horizontales). Además podemos seleccionar una serie de características de ajuste o de "Formateado Automático" donde encontraremos una serie de

---

tablas prediseñadas y que nos proporcionarán un aspecto más elegante de una manera muy sencilla.

El menú "Tabla" proporciona un gran número de operaciones con tablas.

9.- Dar formato a un documento de texto utilizando los estilos predeterminados.

Una vez vistos los elementos fundamentales y herramientas básicas que incluye **Writer, es el momento de sacar el máximo partido a un procesador de textos.** Ahora veremos como podemos dar un determinado formato a un documento de una manera eficiente. ¿No es lo mismo que eficaz? No, eficaz es matar una mosca con una bomba atómica, pero no es eficiente. Estoy convencido de que cuando quieres poner negrita, cursiva o aplicar un tamaño diferente a un texto, utilizas la opción "Formato" de "Fuente" o mediante los botones disponibles en las diferentes barras de herramientas, vas aplicando cada una de las características al texto; es eficaz, pero no es eficiente. Cuando quieras repetir ese formato en otra parte del documento, deberás volver a aplicar cada uno de las características o bien utilizar la opción "copiar formato". Esto puede ser útil y rápido ya que con un par de clics aplicas ese formato a un texto determinado, pero hay que repetir la operación cada vez; muchos clics.

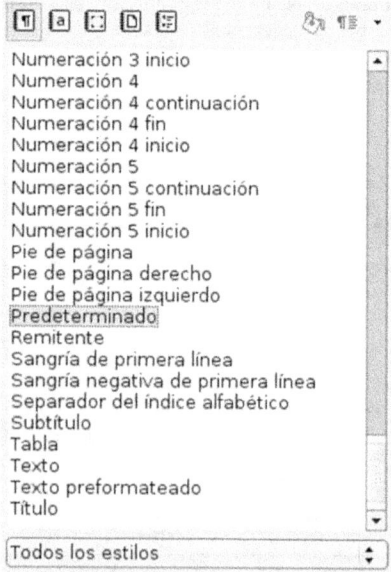

Figura 3.38. Desplegable de estilos a través de "Más...".

Pero, al igual que Word, Writer es mucho más potente y útil de lo que jamás has imaginado, gracias a los **estilos**. Un estilo es un conjunto de formatos ya sean de fuente, de párrafo o incluso tabulaciones, idioma o bordes. De esta manera podemos incluir en un único estilo, infinidad de características de formato y aplicarlas todas, al aplicar el estilo (en un único clic de ratón). Podemos utilizar los diferentes estilos predeterminados o crear nuestros propios estilos para aplicar un determinado formato al texto.

Hay una lista desplegable desde donde podemos aplicar los estilos predeterminados como son "predeterminado", "Cuerpo de texto", "Encabezado 1", etc. Cada uno de ellos, como se muestra en la Fig. 3.38, dispone de características diferentes. Estos estilos predeterminados permiten dar formato a un texto de manera rápida y eficaz. El listado se encuentra en la parte izquierda de la barra "formato" mediante desplegables. Si lo desplegamos, podemos acceder al listado completo (Fig. 3.38) pulsando en "Más…".

10.- Crear estilos nuevos.

Además existe la posibilidad de crear estilos nuevos o de modificar los existentes. De manera que antes de comenzar a escribir un documento, yo recomiendo crear todos los estilos que vayamos a utilizar, estilos para títulos, subtítulos, pies de página, pies de imagen, etc. Así cuando queramos aplicar un determinado conjunto de características (estilo) a, por ejemplo, un título de nivel 2, aplicaremos el estilo correspondiente y ahorraremos tiempo y, sobre todo, garantizaremos que no olvidamos aplicar alguna de las características de formato o nos equivocaremos con el tamaño… imagino que esto nos ha pasado a todos alguna vez.

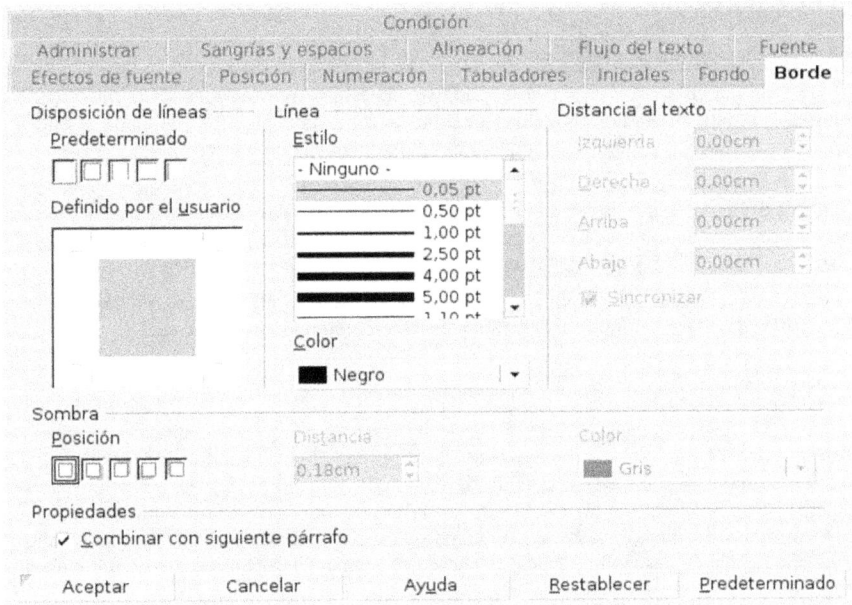

Figura 3.39. Opciones de Borde aplicables a un estilo.

Como se ha indicado, un estilo no es sólo el formato de la fuente, sino también el de párrafo, los tabuladores o el idioma. Todas las características las encontraremos al hacer clic con el botón derecho del ratón (Nuevo o Modificar) sobre alguno de los estilos existentes en la ventana de "Estilo y Formato" accesible, como se ha explicado anteriormente, a través del menú "Formato" y "Estilo y formato" (o pulsando la tecla F11). En la Fig. 3.39 se muestran las características de borde. Como puede observarse, en la parte superior existen 13 pestañas a través de las cuales accederemos a diferentes características como Numeración, Fuente,

Tabuladores, etc. Una opción curiosa es la de asignar una "Condición" a un determinado contexto.

A la hora de crear un nuevo estilo es importante poner un "Nombre" al nuevo estilo (por defecto Writer selecciona "Sin nombre1"). Podremos definir diferentes características de la "Fuente" (tipo de fuente, tamaño y aspecto), de "Sangrías y espacios" (interlineado, espacio entre párrafos, sangrías, etc.), de "Alineación", etc.

Aceptaremos cada ventana y en el desplegable de los estilos disponibles aparecerán todos los que creemos (no aparecerán en el listado del desplegable hasta que no se apliquen al menos una vez), con lo que podremos aplicar el conjunto de formatos de una manera rápida y eficiente, simplemente seleccionando el texto al que queremos aplicar el estilo y seleccionando el estilo a aplicar.

Otra ventaja de trabajar con estilos, es que si queremos modificar algún aspecto del documento, por ejemplo el color de un tipo de título utilizado, no es necesario cambiar el formato título a título, sólo con modificar ese estilo, Writer cambiará el aspecto del texto en todos aquellos lugares en donde se haya utilizado.

11.- Crear una plantilla nueva.

Una plantilla no es más que un conjunto de estilos. Por tanto, una vez que creemos nuestro conjunto de estilos, podemos guardarlos como una plantilla, de manera que no tengamos que crearlos cada vez que queramos crear un documento nuevo.

Para ello, podemos ir a "Archivo", "Plantilla" y seleccionar "Guardar". Automáticamente, el destino será donde se guardan las plantillas (Mis plantillas), de manera que si queremos hacer un archivo nuevo usando una plantilla, ahora estará en la lista de plantillas disponibles a través de "Archivo", "Nuevo", Plantillas y documentos".

Como ejercicio, te propongo que intentes generar una plantilla con estilos variados: para títulos de diferente importancia, para pies de foto, para encabezados, etc.

12.- Insertar tablas de contenido automáticamente.

Una vez hayamos creado y aplicado estilos a un documento (por ejemplo "Encabezado 1" a los títulos importantes y "Encabezado 2" a los subtítulos de las diferentes secciones), podemos insertar una tabla de contenido (un índice de secciones) de manera sencilla y automática, sin necesidad de ir indicando el lugar del documento donde se encuentra un determinado elemento. Imagino que alguna vez has realizado algún trabajo y has hecho el índice buscando dónde estaba cada sección en el documento. Writer lo hace por nosotros.

Para ello, iremos a "Insertar", "Índices", "Índices...". Podemos poner un título a un determinado índice del documento, ya que podremos tener varios índices, por ejemplo, de tablas, de imágenes, de cuadros, etc. (a través del desplegable "Tipo"). El índice puede ser de todo el documento o sólo de un capítulo, podemos indicar el número de niveles. En la pestaña inicial (Fig. 3.40) podemos indicar a Writer a partir de qué estilos queremos que genere el índice. Por defecto utilizará "Encabezado 1", "Encabezado 2", etc. para los niveles 1, 2, etc. respectivamente. Si queremos que para el nivel 1, Writer utilice un estilo creado por nosotros, debemos indicarlo a través del botón "..." situado al lado de "Esquema" tal y como se muestra en la Fig. 3.41).

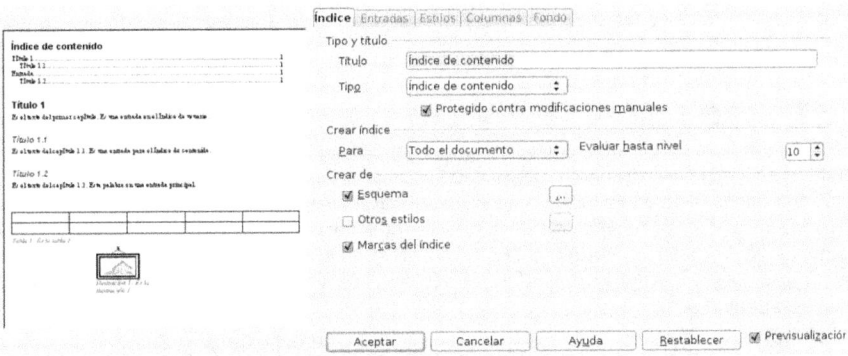

Figura 3.40. Insertar Índices.

Para definir los niveles (Fig. 3.41) seleccionaremos el nivel a la izquierda y definiremos el Estilo de párrafo mediante el desplegable.

Para modificar el estilo que queremos que utilice, no para general el índice, sino en las propias líneas de texto del índice, debemos seleccionar la pestaña Estilos en la ventana principal (Fig. 3.28).

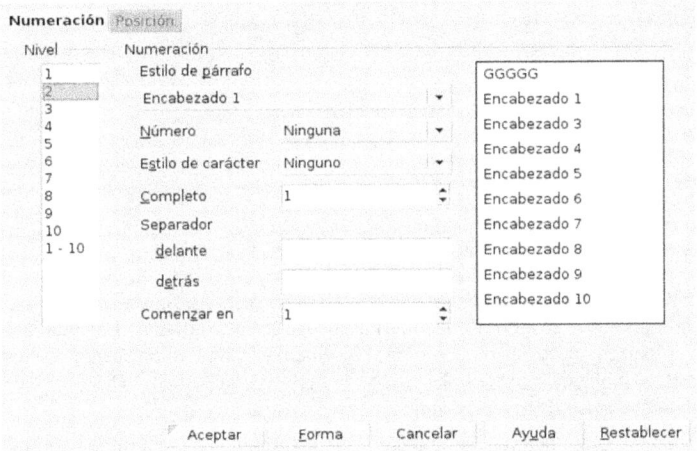

Figura 3.41. Definición de niveles y estilos para un índice.

Como se podrá comprobar, existen más opciones que se invita al lector a probar como el fondo o la estructura.

Para terminar, podemos actualizar automáticamente índice y los números de las páginas sin necesidad de escribirlos. Para ello haremos clic con el botón derecho sobre la tabla de contenido y seleccionaremos "Actualizar índice/tabla", podremos editar una determinada tabla seleccionando la opción "Editar índice/tabla". Como se ha indicado, podemos insertar varias tablas de contenido, por ejemplo una para las secciones creada a partir de los títulos de los apartados del documento; otra para figuras, utilizando el estilo de los pies de las figuras, etc.

13.- Trabajo colaborativo - Modificaciones.

A la hora de elaborar documentos de texto, es sumamente frecuente la necesidad de trabajar en grupo o con otros colegas que se encuentran en un lugar diferente al nuestro. Imagino que si alguna vez habéis tenido que trabajar sobre un documento y enviarlo a otra persona para que lo corrija, ésta lo ha hecho en rojo o en mayúsculas para resaltar los cambios. Writer a través del menú "Editar" y "Modificaciones" permite "Grabar" todas las modificaciones y resaltarlas en diferentes colores. Es una herramienta básica cuando se corrigen trabajos.

Por defecto, el sistema de grabación de "Modificaciones" está desactivado. Para activarlo, lo haremos a través del menú "Editar" y "Modificaciones". Una vez activado, todos los cambios que se realicen en el documento se irán resaltando sobre el documento.

Cuando hayamos terminado y guardemos el documento, también se guardará la grabación. De manera que lo podemos enviar. El receptor podrá revisar las inserciones o eliminaciones activando la opción correspondiente en "Editar", "Modificaciones" y "Aceptar o Rechazar" (Fig. 3.42).

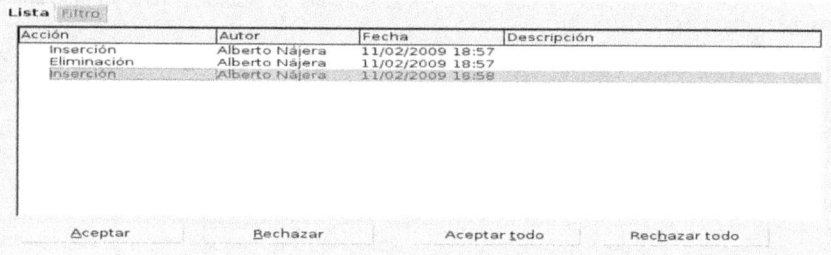

Figura 3.42. Aceptar o Rechazar cambios.

Te recomiendo realizar el siguiente ejercicio por parejas. Sobre un archivo el alumno 1 realizará cambios e insertará comentarios mediante esta utilidad. Lo guardará y se lo enviará por correo electrónico al alumno 2, quien aceptará o rechazará los cambios y comentarios, y realizará e insertará nuevos cambios y comentarios. Después devolverá el archivo al alumno 2.

Esta es la forma habitual de trabajar sobre un archivo de texto, libro, capítulo de libro o artículo científico entre varios autores… aunque me apuesto un "café con bollo" a que más de uno de vuestros afamados profesores científicos, desconocen su existencia… incluso sería capaz de apostarme algo a que corrigen sobre papel con lápiz o bolígrafo… entonces es más complicado enviarlo por correo electrónico, ¿no crees?

NOTA FINAL: Estas acciones y sus indicaciones no pretenden ser absolutamente aclaratorias. Se recomienda al lector que utilice la ayuda del sistema. La informática se aprende usándola. Antes de terminar, pregúntate si eres capaz de reproducir las acciones propuestas.

MÓDULO 4: Introducción a las aplicaciones informáticas básicas II: Hojas de cálculo

Objetivos del módulo

1. Utilizar las características básicas de Microsoft Excel 2003/2007.
2. Utilizar las características básicas de OpenOffice Calc.

Bibliografía específica y complementaria

Aunque estas notas son suficientes para alcanzar los objetivos propuestos, se recomienda al lector que aclare sus dudas y amplíe sus conocimientos con la Ayuda *on-line* de la aplicación, la cual se encuentra en la opción "**?**" o en el menú "**Ayuda**" de la barra de menús o pulsando la tecla **F1**.

Material audiovisual o de Internet

- Software:
  - Microsoft Excel (versiones anteriores a 2007).
  - OpenOffice Calc.
  - Un navegador: Microsoft Internet Explorer, Opera, Mozilla Firefox, Chrome, etc.
- Descarga gratuita de OpenOffice: http://es.openoffice.org
- Diccionario de términos informáticos: http://whatis.com
- Cursos de Informática: http://www.aulaclic.es/

Objetivos 1 y 2

> Utilizar las características básicas de Microsoft Excel 2003/2007.
>
> Utilizar las características básicas de OpenOffice Calc.

¿Qué es Microsoft Excel? ¿Qué es OpenOffice Calc?

Ambas aplicaciones permiten trabajar con hojas de cálculo, esto es, son aplicaciones que permiten hacer operaciones con números contenidos en una cuadrícula de una manera sencilla, además permiten realizar representaciones gráficas de los datos. En este objetivo se introducirán una serie de operaciones básicas de ambas aplicaciones de forma paralela ya que ambas son muy similares.

Tanto Calc como Excel (nos centraremos en la versión 2003) comparten muchas características con otras aplicaciones de sus respectivos paquetes ofimáticos, OpenOffice y Microsoft Office respectivamente.

Una hoja de cálculo es una herramienta muy potente y, aunque podemos utilizarla para hacer cálculos estadísticos, no se trata de un paquete estadístico. Existen otras aplicaciones específicas para la realización de cálculos estadísticos (por ejemplo SPSS ó EPI INFO).

Como se ha indicado anteriormente, desde 2006, Google ofrece "Google Docs" accesible a través de http://docs.google.com. Una vez registrado el usuario puede crear sus propias hojas de cálculo on-line.

¿En qué consiste este objetivo? Objetivo de habilidades.

Este es un objetivo "de habilidades". Así pues, el lector habrá alcanzado el objetivo cuando sea capaz de realizar las siguientes acciones:

1.- Moverse por el entorno de Excel y de Calc.

Antes de comenzar a usar cualquiera de las dos aplicaciones que se presentan en este módulo, dedica un tiempo a mirar los menús, verás que son similares a los de Word o a de Writer, pero ahora incluyen herramientas específicas para trabajar con números y celdas.

Ambas aplicaciones, Calc y Excel, presentan varios cursores del ratón diferentes, dependiendo del lugar donde se encuentre; presta atención a esto. Fíjate como cambia el cursor del ratón, por ejemplo, cuando seleccionamos una celda y lo situamos en la esquina inferior derecha.

Los menús "Archivo", "Edición", "Ver" e "Insertar" proporcionan comandos equivalentes a los mostrados anteriormente en Word y en Writer. Los menús con mayor número de novedades son el menú "Insertar" y el menú "Formato". Por ejemplo, en el primero podremos insertar "funciones" de entre un conjunto de operaciones matemáticas, como por ejemplo la media (promedio), la desviación típica o el cálculo de la prueba Chi^2. El menú "Formato" ahora está orientado a poder aplicar formatos a las celdas. La barra de menús presenta uno nuevo, el menú "Datos" con comandos específicos para trabajar con el contenido de las celdas, ordenar los datos con un aspecto determinado o definir rangos.

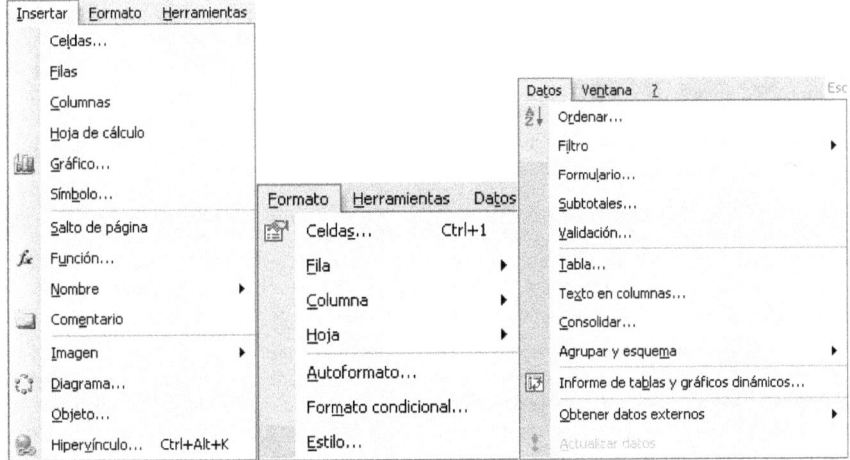

Figura 4.1. Menús de Excel.

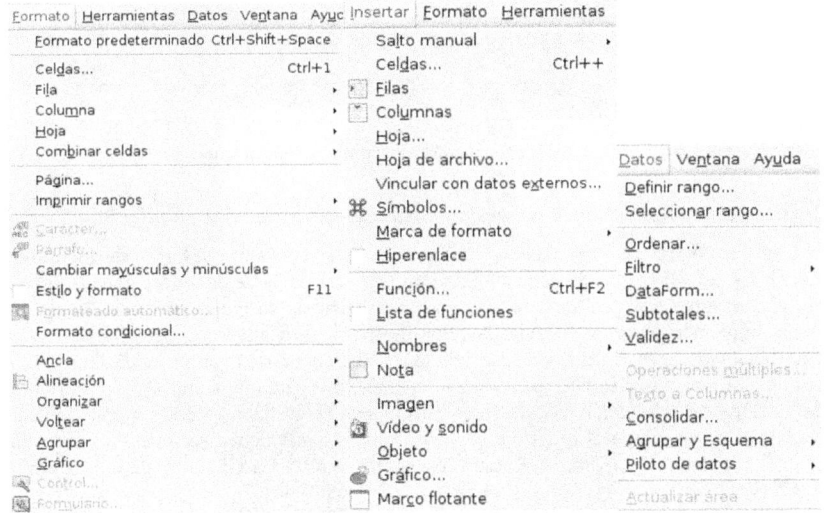

Figura 4.2. Menús de Calc.

En la Fig. 4.1 se muestran los menús de Excel, "Insertar", "Formato" y "Datos". La Fig. 4.2 muestra los mismos pero de Calc. Como podrás comprobar las diferencias entre ambas aplicaciones son mínimas.

En el menú "Herramientas" encontrarás comandos específicos para trabajar con datos, pero también comandos existentes en el procesador de textos como el control ortográfico, las opciones del programa o la posibilidad de personalizar ciertos elementos (no mostrado).

En el menú "Ventana" encontramos, por ejemplo, la posibilidad de inmovilizar una fila o una columna para que no se mueva cuando nos desplazamos por el documento, mediante la opción "Inmovilizar paneles" en Excel o "Fijar" en Calc. Es muy útil cuando se trabaja con tablas de datos muy grandes que no caben en la pantalla. Cuando nos desplazamos por ellas perdemos de vista la primera fila o columna que generalmente contiene las etiquetas de la tabla. Inmovilizar o fijar esas filas y/o columnas, nos permitirá movernos por la tabla sin perderlas de vista.

Para comenzar a trabajar, te recomiendo que cambies el aspecto de las celdas y del texto/datos contenido en ellas mediante el menú "Formato". No hace falta que apliques el formato a las celdas de una en una, puedes seleccionar varias celdas y aplicar formato a varias de ellas, bien haciendo clic y arrastrando con el ratón o bien manteniendo pulsada la tecla "Control" del teclado y haciendo clic en las celdas de manera individual una tras otra.

Como veremos a continuación las celdas podrán contener texto, fórmulas o datos. Una cosa es lo que se ve en la cuadrícula y otra lo que contienen realmente, sobre todo si se trata de una fórmula, ya que la hoja de cálculo sólo mostrará el resultado. Justo debajo de las barras de herramientas encontramos la barra de fórmulas (Fig. 4.3). Seleccionando una celda podremos ver su contenido. Es más, la celda también contendrá el formato (aspecto, formato de número, etc.). Por eso es importante que dediques unos minutos a copiar celdas de un sitio a otro y que te familiarices con el comando "Pegado especial" que encontrarás en el menú "Edición".

Figura 4.3. Barra de Fórmulas: Excel (superior) y Calc (inferior).

2.- Realizar operaciones con el contenido de las celdas de la hoja de cálculo.

Entre las barras de herramientas y la cuadrícula, se encuentra la **barra de fórmulas** (Fig. 4.3). En esta barra de muestra el contenido exacto de la celda seleccionada. Como podrás ver, a veces parecen no coincidir, pero la barra de fórmulas nos informa de la operación implementada en esa celda, la celda mostrará el resultado. Podemos hacer toda clase de operaciones, bien utilizando las funciones que encontrarás en el menú "Insertar", "Funciones" o bien utilizando los signos aritméticos para la suma "+", resta "-", multiplicación "*" y división "/". Es muy recomendable utilizar paréntesis para indicar correctamente al programa el rango de celdas o números que deben ser operados en cada momento. No dará el mismo resultado esta fórmula: "=C4/C5+C6" que ésta otra: "=C4/(C5+C6)".

Estos programas, además, permiten trabajar con varias hojas en un mismo documento. Podrás cambiar entre unas y otras a través de la barra de etiquetas que se encuentra en la parte inferior de la cuadrícula: ◄ ◄ ► ►|\ **Hoja1** ⟨ Hoja2 ⟨ Hoja3 / . Además podrás insertar más hojas y hacer operaciones en una hoja con el contenido de las celdas de otra hoja.

En la Fig. 4.4 se presenta un ejemplo de tabla de datos en Excel (derecha) y en Cal (izquierda). Hemos aplicado formato a los textos, a los números (en este caso definidos como moneda) y a los bordes. En la celda C10 hemos insertado la función "SUMA" y después hemos seleccionado con el ratón (también se puede escribir) el rango de celdas que queremos que se utilicen. El contenido de la celda es el que aparece en la Fig. 4.3, pero la hoja de cálculo nos mostrará el resultado. Haz lo siguiente, es importante, copia su contenido a otra celda y fíjate en lo que ocurre. Haz la prueba ahora poniendo el símbolo "$" delante de las letras y/o los números de las celdas que se toman como argumento de la función, copia y pega y fíjate en la diferencia. En el primer caso el programa actualiza el argumento de la función dependiendo de la celda en la que se pegue. En el segundo, el "$" fija esa celda y el programa no la modifica. Estas operaciones son útiles cuando se quiere copiar y pegar una función de un sitio a otro de una tabla sin tener que escribir la fórmula cada vez.

Otra posibilidad es "anidar" funciones, esto es que el resultado de una función pueda ser el argumento de la siguiente, sin para ello tener que usar celdas diferentes. Me explico con un ejemplo. Podemos calcular la suma de las celdas C4 a C8 y calcular su raíz, bien poniendo en otra celda "=RAIZ(C10)" que calcula la raíz cuadrada de la celda C10 o bien escribir en la propia celda C10 lo siguiente: "=RAIZ(SUMA(C4:C8))".

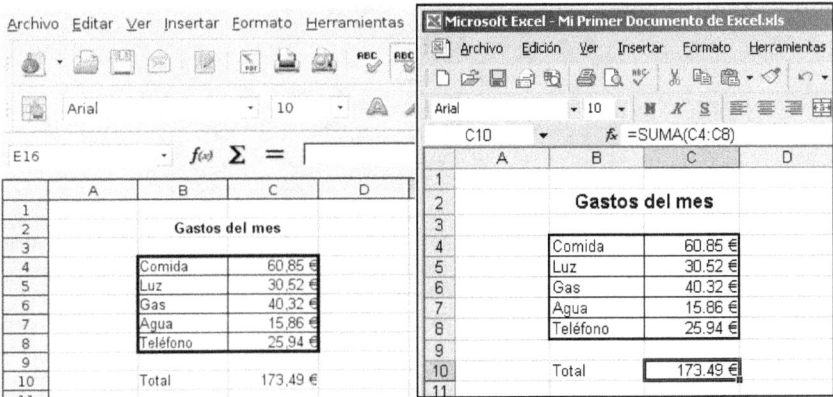

Figura 4.4. Aspecto general de Excel (derecha) y de Calc (izquierda).

Esta posibilidad de anidar funciones nos permite realizar operaciones matemáticas complejas en una única celda... pero ten cuidado con los paréntesis. Encontrarás un gran número de funciones en el menú "Insertar", "Funciones".

3.- Representaciones gráficas.

Otra de las aplicaciones que ofrecen estos programas es la posibilidad de realizar representaciones gráficas de los datos de las celdas. Pero recuerda, representar los datos no es ponerlos sobre unos ejes y ya está. Existen infinidad de gráficos que permitirán mostrar los datos de manera diferente. Un gráfico de barras, o un gráfico de líneas, tendrá aplicaciones diferentes. Un gráfico se utilizará para simplificar y facilitar la comprensión de los datos de una tabla, por lo que la elección del tipo de gráfico adecuado será crucial.

Desde el menú "Insertar" puedes seleccionar "Gráfico". Se ejecutará un asistente que nos guiará por el proceso de creación del gráfico. Dependiendo de las celdas que tengas seleccionadas en el momento de seleccionar esta opción, el programa entenderá una cosa u otra, esto es, si intentas insertar una gráfica teniendo seleccionada una celda en blanco, el asistente empezará de cero, pero si seleccionas la matriz de datos y sus etiquetas y luego insertas el gráfico, el programa entenderá que quieres representar esa matriz, facilitando en gran medida la operación. Pero ten en cuenta que el programa representará lo que él "entiende" que ha de representar, que a veces coincide con lo que nosotros queremos (si los datos están bien ordenados) y a veces no.

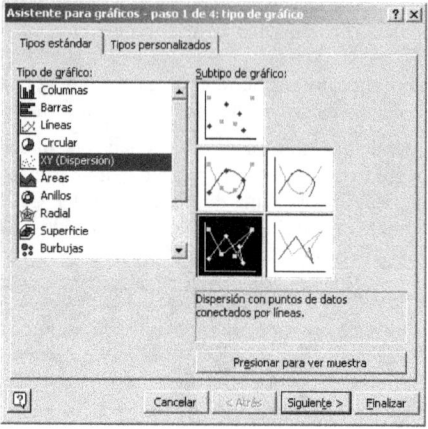

Figura 4.5. Primera ventana del asiste de gráficos de Excel.

El ejemplo que presento aquí, lo hago **seleccionando una celda en blanco a la derecha del conjunto de datos (lejos de las celdas con datos)**, es el caso más general y avanzaremos paso a paso. Si entiendes este proceso, serás capaz de realizar cualquier tipo de gráfico. Empezaremos por una representación XY, esto es, dos series de datos, una indicará el valor en abscisas y la otra en ordenadas.

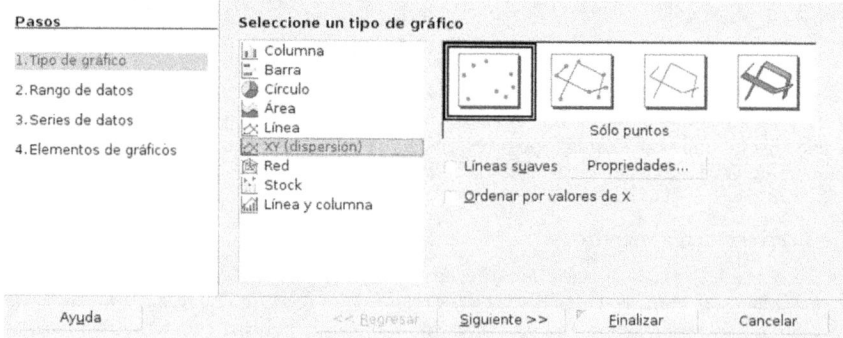

Figura 4.6. Primera ventana del asiste de gráficos de Calc.

Empecemos. Podemos insertar el gráfico bien desde el menú "Insertar", como se indicó anteriormente, o bien pulsando sobre el botón 🔲 en Excel o el botón ✏ en Calc. En la barra de títulos de cada ventana, el asistente (Figs. 4.5 y 4.6) nos informa del paso en el que nos encontramos. El primer paso consiste en seleccionar el tipo de gráfico. En esta ventana seleccionaremos "XY (Dispersión)" y el subtipo que quieras. Pulsamos "Siguiente".

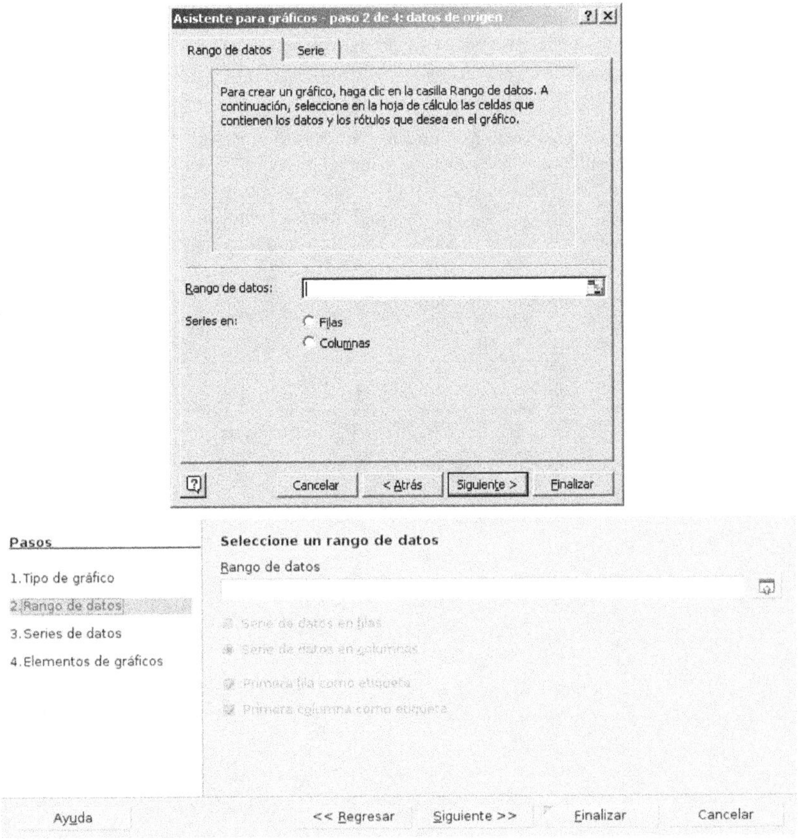

Figura 4.7. Asistente de gráficos – paso 2 de Excel (superior) y Calc (inferior)

A continuación habrá que indicar el rango de datos que se tomará para la creación del gráfico. Podríamos escribir el rango siguiendo una notación adecuada, pero es más sencillo utilizar el botón 🔲 en Excel y el botón 🔲 en Calc que nos permite seleccionar el rango de datos con el ratón. En el caso de Excel se abrirá una pequeña ventana de diálogo donde se escribe automáticamente el texto adecuado para la selección del rango, pulsaremos sobre el botón de la derecha (Fig.4.8) para regresar al asistente. En Calc este paso no existe.

Figura 4.8. Cuadro de selección del rango de datos de Excel.

Para continuar con el ejemplo, supongamos una tabla con una primera columna que indique una serie de años, una segunda columna que contenga los valores de mortalidad total para cada uno de esos años y una tercera y cuarta columna con los valores de mortalidad desglosados para varones y mujeres, todas ellas debidamente etiquetadas en la primera celda de cada columna (Años, Mortalidad Total, Varones y Mujeres). Antes de insertar el gráfico, podría seleccionar las dos primeras columnas de datos, incluyendo las celdas superiores que contienen los nombres de las series ("Años" y "Mortalidad Total") olvidándome (por ahora) de las columnas "Varones" y "Mujeres".

En Calc daremos a siguiente y en Excel, a través de la pestaña "Serie", podemos ver las series que se representarán. En este caso, si habéis seguido los pasos como se indican, sólo encontraréis la serie de "Mortalidad Total". Podemos ver la celda desde la que toma el nombre de la serie (=Hoja1!$C$2), y las celdas que usa para los ejes X (=Hoja1!$B$3:$B$21) e Y (=Hoja1!$C$3:$C$21), como puedes observar la notación no es trivial (Fig. 4.9 superior).

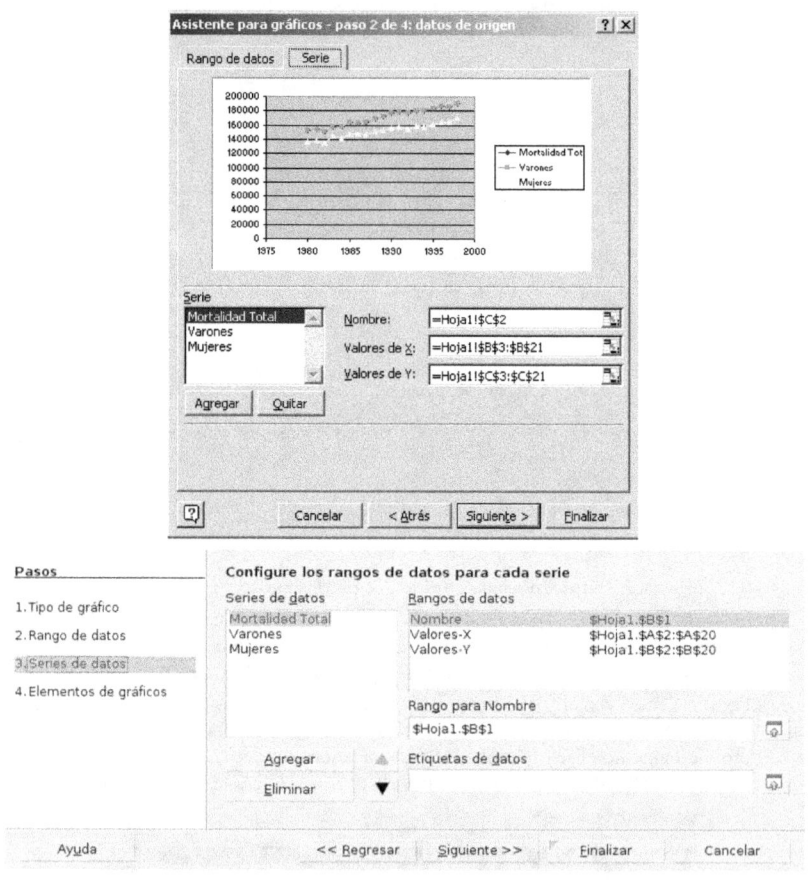

Figura 4.9. Selección de series de datos a representar en Excel (superior) y Calc (inferior).

Podemos agregar más series mediante el botón "Agregar". Aparecerá una "Serie2" en blanco. Bien usando la notación adecuada o bien utilizando el botón 🔲 o 🔲. Podemos indicar el nombre y el rango de datos que queremos agregar. Intenta añadir la serie "Varones" y "Mujeres".

Como podrás observar el gráfico se va actualizando según añadimos series o sus nombres. Así podrás saber si lo estás haciendo correctamente.

Pulsaremos en "Siguiente" y accedemos al siguiente paso, "opciones/elementos de gráfico" (Fig. 4.10). Ahora podrás indicar un título y nombres a los ejes (si quieres hacer una representación correcta, SIEMPRE debes indicar qué estás representando (y sus unidades si fuera necesario), para que quien vea el gráfico pueda interpretarlo correctamente.

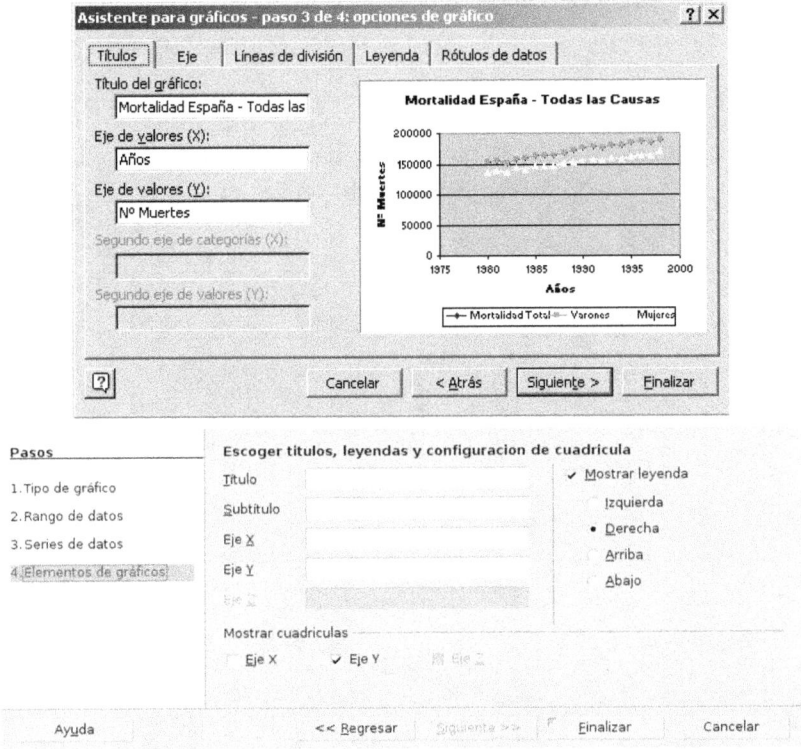

Figura 4.10. Opciones de gráfico en Excel (superior) y Calc (inferior).

En el caso de Excel, mediante las diferentes pestañas (Fig. 4.10 superior), puedes modificar diferentes partes del gráfico como los ejes, la posición de la leyenda o la posibilidad de mostrar en el gráfico los valores de cada variable por medio de "Rótulos". En ambos programas podremos personalizar cada elemento posteriormente.

Pulsaremos en "Siguiente" o en "Finalizar", según el programa y el último paso en Excel (Fig. 4.11) permite indicar la "ubicación del gráfico", esto es, si lo queremos encima de nuestros datos o en una hoja nueva dentro del mismo documento.

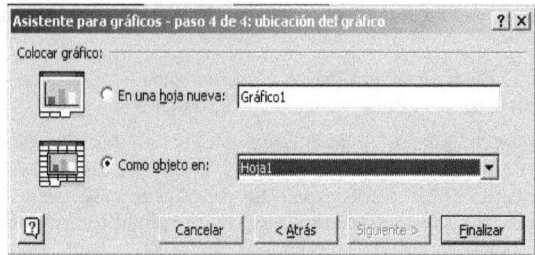

Figura 4.11. Ultimo paso del asistente de gráficos de Excel. Ubicación del gráfico.

Ya hemos terminado. Observa el gráfico, en el objetivo 6 veremos la manera de modificarlo.

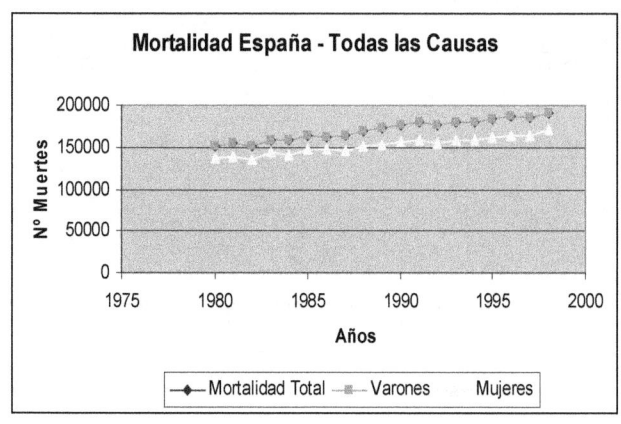

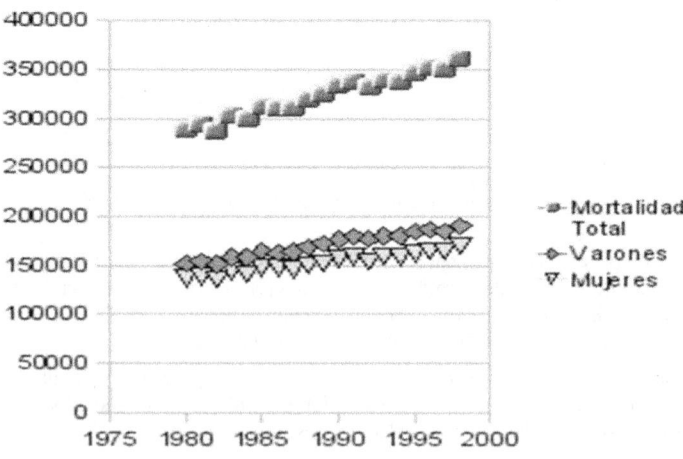

Figura 4.12. Gráfico resultante en Excel (superior) y en Calc (inferior).

5.- *Representar datos estadísticos: gráficos de barras verticales y horizontales, gráficos porcentuales.*

Antes de mostrar cómo se puede modificar el aspecto de un gráfico, veamos la manera de hacer otro tipo de gráficos como son los de barras o los porcentuales.

Realizaremos un gráfico de columnas para la mortalidad frente a años. Para ello, antes de indicar "Insertar Gráfico", seleccionaremos las celdas que contienen los datos y las etiquetas de las series que queremos representar. Ten especial cuidado en la pestaña "serie"; todas las opciones deben estar como deben estar: rangos de datos, nombres de series, series, nombre de categorías del eje, etc.

Intenta hacerlo tú. Debes conseguir un gráfico como el que se muestra en la Fig. 4.13. Prueba y error, deshaces, pruebas y así hasta que lo consigas... es la única forma de que aprendas a hacerlo.

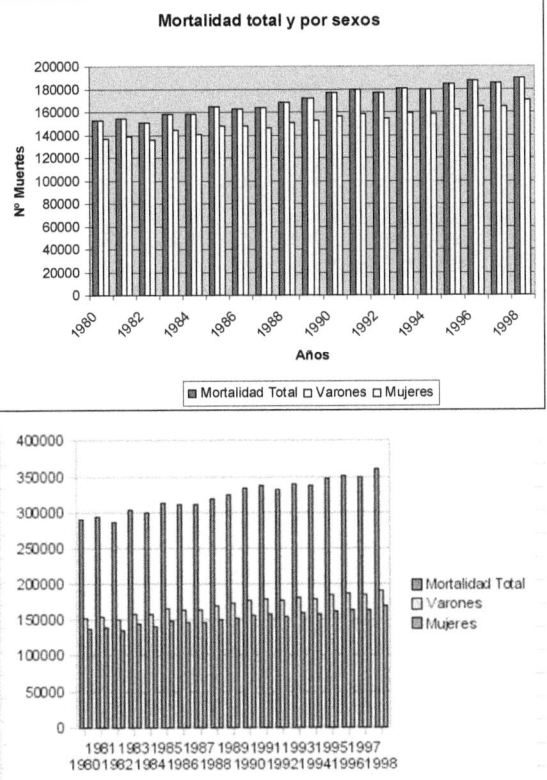

Figura 4.13. Gráfico de barras en Excel (superior) y en Calc (inferior).

Otra manera es hacer clic con el botón derecho del ratón sobre el gráfico y seleccionar "Tipo de gráfico". Ambos programas nos permiten cambiar el tipo de gráfico de manera sencilla. El problema es que algunos tipos de gráfico toman las series de datos de manera diferente (no es lo mismo un gráfico XY que uno de sectores) por lo que a veces la transformación no es del todo satisfactoria.

6.- *Personalizar el aspecto de las gráficas: rango de representación, títulos de los ejes y del gráfico, leyenda, etc.*

Cada elemento de un gráfico es personalizable, desde los colores de las barras/líneas/sectores de cada gráfico, hasta la fuente de las etiquetas de los ejes. Para ello, puedes hacer clic con el botón derecho sobre cada elemento y verás las diferentes opciones, o doble clic con el botón izquierdo sobre el elemento y accederás al cuadro de diálogo que te permite modificarlo.

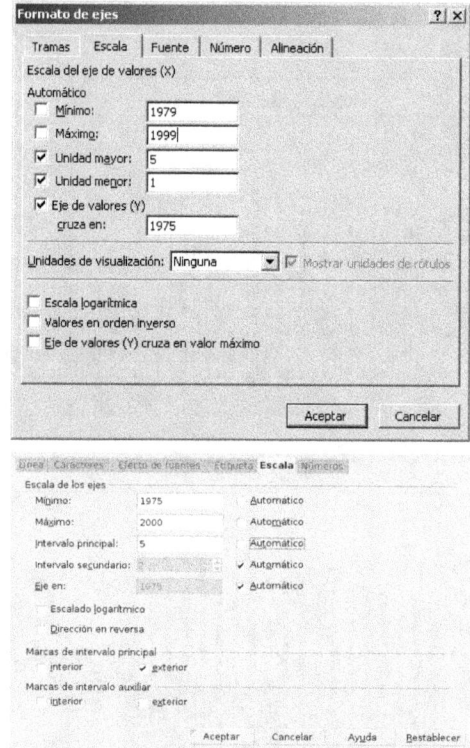

Figura 4.14. Opciones de formato de ejes en Excel (superior) y en Calc (inferior).

Por ejemplo, si haces doble clic con el botón izquierdo sobre la línea del eje horizontal, podrás definir tramas o diferentes escalas. Por ejemplo, en el gráfico de dispersión de la mortalidad anual que creamos en el objetivo 4, deberíamos modificar la escala de los ejes para conseguir una mejor representación.

Haz pruebas con los diferentes elementos del gráfico como fondos, leyenda, etiquetas de los ejes, sobre las series de datos representadas, podrás modificar el aspecto y conseguir algo parecido a lo mostrado en la Fig. 4.15.

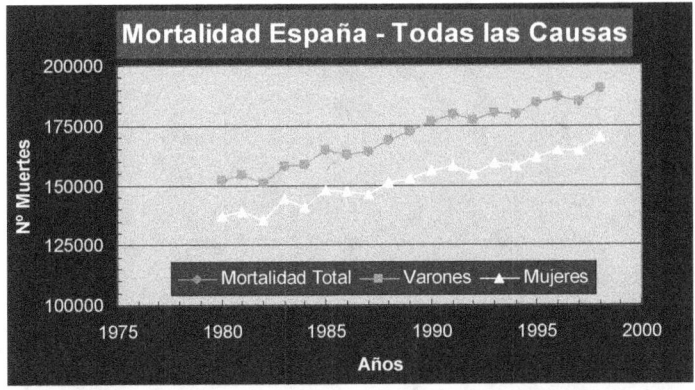

Figura 4.15. Gráfico personalizado en Excel (superior) y en Calc (inferior).

7.- Diferentes opciones de pegado en las hojas de cálculo: Pegado especial.

Como hemos visto, el contenido de una celda de una hoja de cálculo puede ser variado y múltiple. Por ejemplo, una celda puede contener una fórmula, su resultado y el formato de número o de bordes y tramas. Si pensamos en que las hojas de cálculo son para realizar operaciones repetitivas, entenderemos que el uso de "copiar y pegar" es muy frecuente, pero ¿qué podemos hacer para pegar el formato o únicamente una fórmula contenida en una celda? Para eso existe el comando "Pegado Especial" en el menú "Edición". Cuando hayamos seleccionado una celda y hayamos indicado que la queremos copiar (bien a través del menú "Edición", mediante clic con el botón derecho del ratón o mediante el teclado "Ctrl+C"), al usar el comando "Pegado Especial" tendremos una serie de opciones para pegar el contenido de la celda copiada (Fig. 4.16).

También te permite realizar una operación o trasponer en el caso de que lo que hayas seleccionado sea, en vez de una celda, una matriz. Calc, a diferencia de Excel que sólo permite una única selección (un único elemento), permite hacer una selección múltiple (varios elementos).

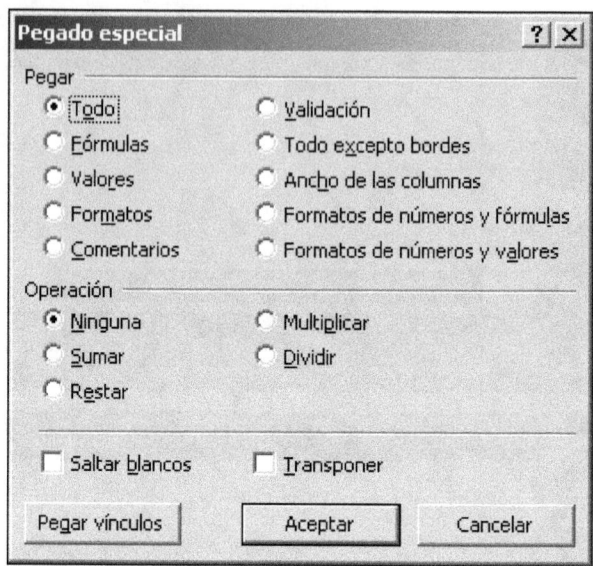

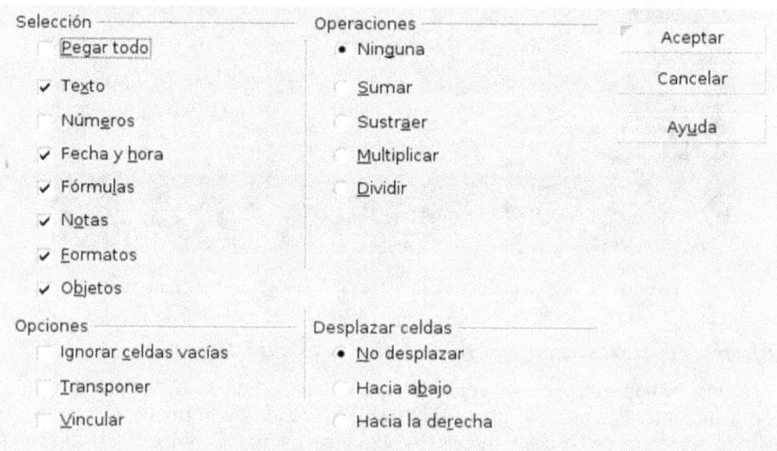

Figura 4.16. Opciones de "Pegado Especial" en Excel (superior) y Calc (inferior).

8.- Insertar cualquier función matemática.

Como se indicó anteriormente, una hoja de cálculo permite utilizar un gran número de funciones ya programadas que podemos insertar a través del menú "Insertar" y "Función". A través de un cuadro de diálogo accederás a las funciones disponibles clasificadas en categorías (Fig. 4.17).

Junto a las funciones aparecerá una pequeña explicación y la forma en la que deben ir insertadas en las celdas así como los datos sobre los que operará.

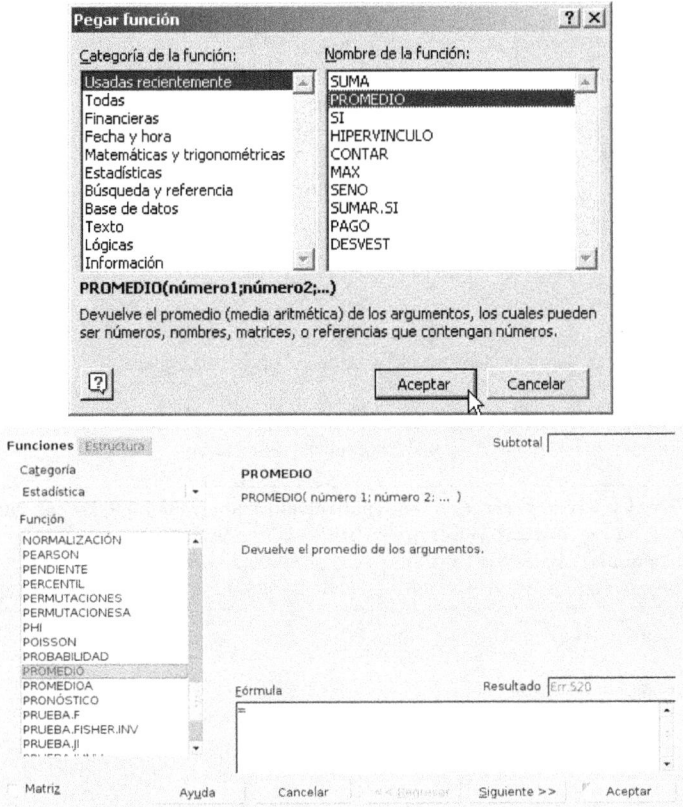

Figura 4.17. Insertar funciones en Excel (superior) y Calc (inferior).

Una vez seleccionada una función, nos aparecerá un cuadro de diálogo (Fig. 4.18 y 4.19) que nos permitirá introducir los rangos de datos mediante el consabido botón o .

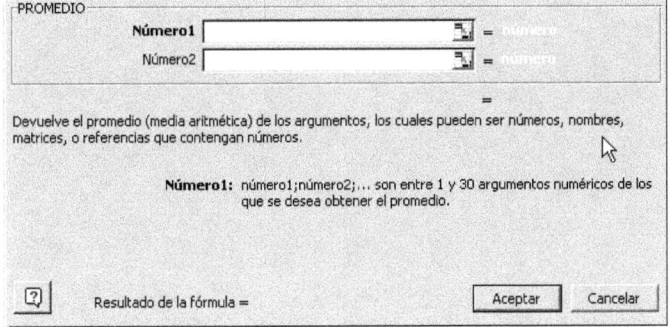

Figura 4.18. Selección de los argumentos de una función en Excel.

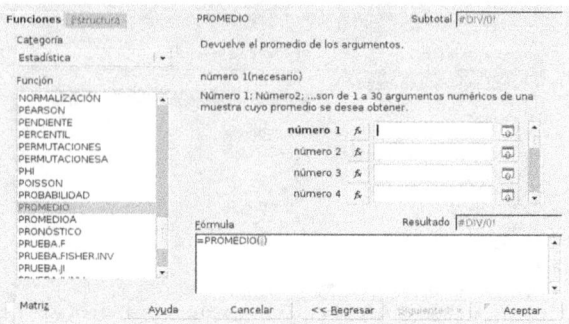

Figura 4.19. Selección de los argumentos de una función en Calc.

Siguiendo las instrucciones y teniendo un poco de cuidado, intenta calcular el promedio de una serie de datos o realizar la prueba Chi-cuadrado.

NOTA FINAL: Estas acciones y sus indicaciones no pretenden ser absolutamente aclaratorias. Se recomienda al lector que utilice la ayuda del sistema. La informática se aprende usándola. Antes de terminar, pregúntate si eres capaz de reproducir las acciones propuestas.

MÓDULO 5: Introducción a las aplicaciones informáticas básicas III: Programas de presentaciones

Objetivos del módulo

Al finalizar este módulo, el lector será capaz de:

1. Utilizar las características básicas de Microsoft PowerPoint.
2. Utilizar las características básicas de OpenOffice Impress.

Bibliografía específica y complementaria

Aunque estas notas son suficientes para alcanzar los objetivos propuestos, se recomienda al lector que aclare sus dudas y amplíe sus conocimientos con la Ayuda *on-line* de la aplicación, la cual se encuentra en la opción "**?**" o en el menú "**Ayuda**" de la barra de menús o pulsando la tecla **F1**.

Material audiovisual o de Internet

✋ Software:

   ✋ Microsoft PowerPoint (versiones anteriores a 2007).

   ✋ OpenOffice Impress.

   ✋ Un navegador: Microsoft Internet Explorer, Opera, Mozilla Firefox, Chrome, etc.

✋ Descarga gratuita de OpenOffice: http://es.openoffice.org

✋ Diccionario de términos informáticos: http://whatis.com

✋ Cursos de Informática: http://www.aulaclic.es/

Objetivo 1 y 2

Utilizar las características básicas de Microsoft PowerPoint.
Utilizar las características básicas de OpenOffice Impress.

¿Qué es Microsoft PowerPoint? ¿Qué es OpenOffice Impress?

Microsoft PowerPoint versión 2003) y OpenOffice Impress son aplicaciones que permiten realizar presentaciones, ayudando al orador en la realización de una explicación apoyándose en texto, imágenes, videos, etc. y haciendo (ese es el objetivo) más amena y clara su intervención. La diferencia entre ambos es que el segundo es libre y gratuito, pero en cuanto a prestaciones, no presentan diferencias significativas.

Como ya se ha indicado anteriormente, en 2006, Google puso en marcha su "Google Docs" accesibles a través de http://docs.google.com. Una vez registrado el usuario puede crear sus propias presentaciones (también hojas de cálculo y documentos de texto) o editar archivos existentes. Es compatible con los formatos de archivo más frecuentes. Para su ejecución no es necesario tener instalado el programa, todo se hace a través de un servidor.

¿En qué consiste este objetivo? Objetivo de habilidades.

Este es un objetivo "de habilidades". Así pues, el lector habrá alcanzado el objetivo cuando sea capaz de realizar las siguientes acciones:

1.- Moverse por el entorno de PowerPoint y de Impress.

Antes de comenzar a usar la aplicación, dedica un tiempo a familiarizarte con los menús. Son similares a los de las aplicaciones vistas anteriormente, pero ahora incluyen herramientas específicas para realizar presentaciones.

Como las dos aplicaciones son muy similares, se presentarán sus principales características en paralelo, tal y como se hizo en el módulo anterior con las hojas de cálculo.

Tanto el menú "Archivo" como "Edición" proporcionan comandos similares a los encontrados en Word, Writer, Excel o Calc. Al igual que pasaba con el resto de aplicaciones de OpenOffice, tanto Writer, Calc e Impress en el menú "Archivo" permiten trasformar un documento en PDF o guardarlo en formatos compatibles con Microsoft Office, no ocurriendo esto a la inversa con Microsoft Office.

Las primeras diferencias que presentan estos programas de presentaciones, con respecto a las aplicaciones vistas en los módulos anteriores, se encuentran en el menú "Ver" Además de poder ver el documento de varias formas diferentes o la posibilidad de personalizar las barras de herramientas, ahora se puede visualizar el "Patrón" (en Impress a través de Ver, Fondo y Patrón de diapositivas") que veremos más adelante.

En el menú "Insertar" encontramos otras diferencias: podrás insertar una nueva diapositiva en blanco o su numeración. También encontramos comandos específicos para el trabajo con diapositivas en el menú "Formato", donde podremos modificar el estilo de la diapositiva, su diseño y el fondo.

En las Figs. 5.1 y 5.2 se muestran los menús "Ver", "Insertar" y "Formato" de PowerPoint e Impress respectivamente. Como se puede observar, no existen diferencias significativas entre ambas aplicaciones.

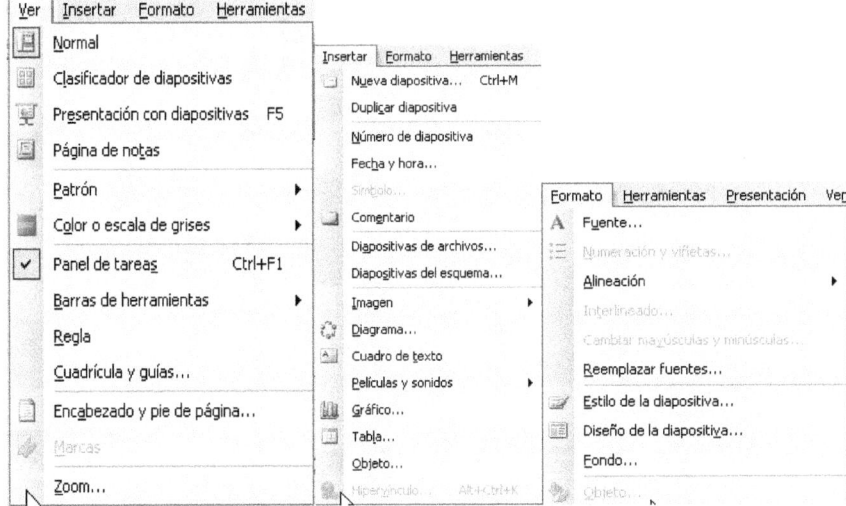

Figura 5.1. Menús "Ver", "Insertar" y "Formato" de PowerPoint.

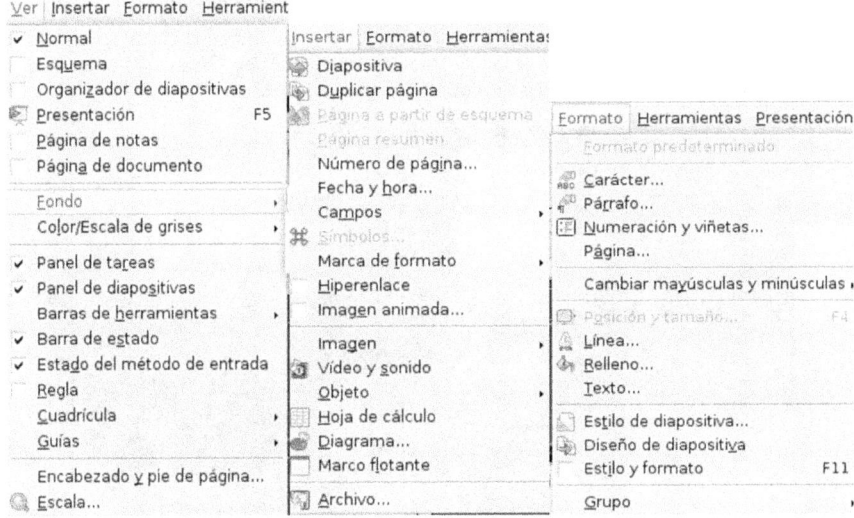

Figura 5.2. Menús "Ver", "Insertar" y "Formato" de Impress.

En el menú "Herramientas" encontraremos comandos similares a los disponibles en Word, Writer, Calc o Excel (no mostrado).

Otra diferencia con respecto a los procesadores de texto y a las hojas de cálculo, es el menú "Presentación". En este menú están disponibles una serie de comandos específicos para ayudarnos durante la presentación mediante animaciones, la posibilidad de ensayar y grabar nuestra narración o los intervalos entre diapositivas, animar las transiciones de diapositivas o configurar nuestra presentación.

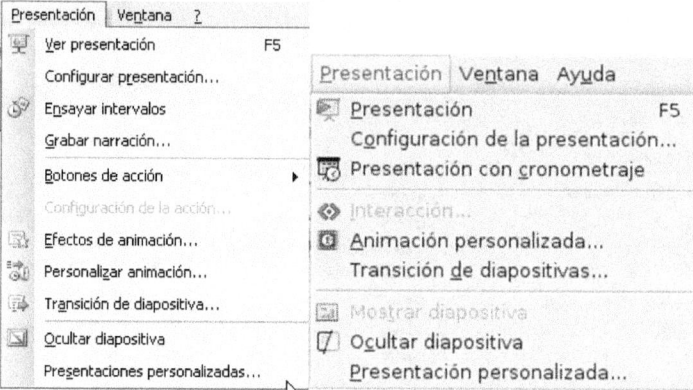

Figura 5.3. Menú "Presentación de PowerPoint (izda) y de Impress (dcha).

2. Crear una presentación multimedia utilizando las plantillas existentes.

PowerPoint e Impress disponen de plantillas que nos facilitarán la elaboración de una presentación. Están disponibles en el menú "Archivo" y después en "Nuevo". En la Fig. 5.4 se muestran las plantillas disponibles "En mi PC" de PowerPoint.

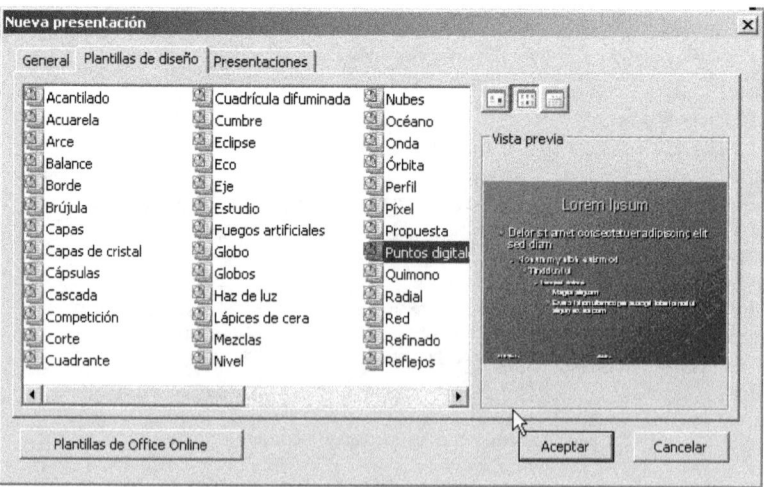

Figura 5.4. Plantillas disponibles por defecto en PowerPoint.

Ambas aplicaciones, PowerPoint e Impress, proporcionan un asistente (Fig. 5.5) en el que podremos seleccionar una plantilla. Mediante unos sencillos pasos, podremos especificar el tipo de presentación, opciones, animaciones, títulos, etc. con lo que al finalizar el proceso, podremos trabajar sobre nuestra presentación de una manera mucho más sencilla.

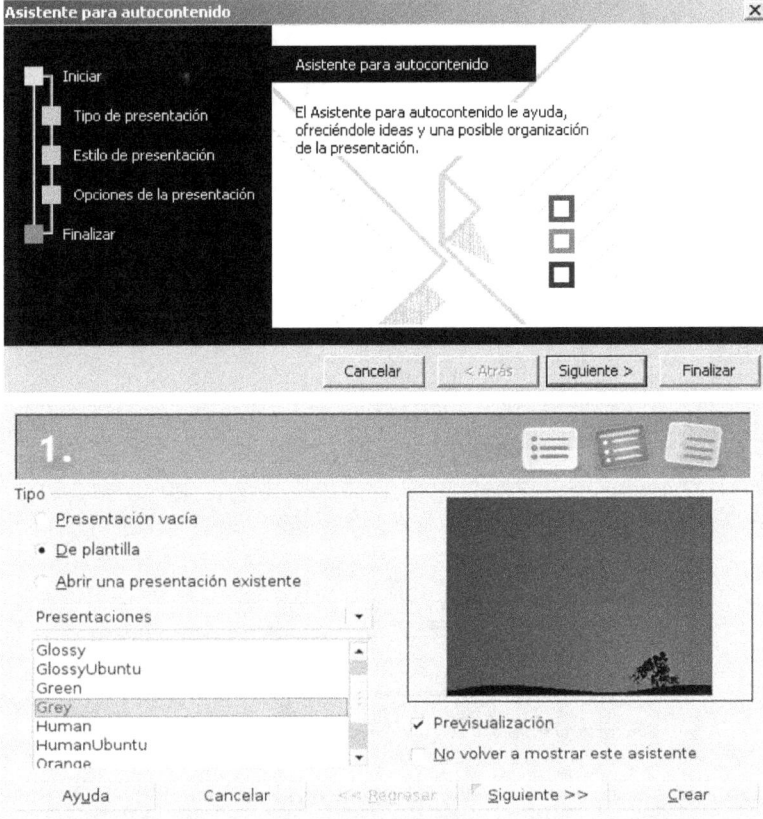

Figura 5.5. Asistente de PowerPoint (superior) e Impress (inferior).

Además de las plantillas que proporcionan ambos programas, en Internet, están disponibles un gran número de modelos diferentes.

Una vez que hayas seleccionado la plantilla que más te guste o que más se adapte a tus necesidades, podrás insertar diferentes tipos de diapositivas y modificar su estilo o su diseño, mediante el menú "Insertar" y el menú "Formato" o a través del "Patrón de diapositivas" que encontrarás en el menú "Ver" y en "Fondo".

El siguiente paso será "Insertar" una nueva "Diapositiva" a través de esos mismos menús. En ambos programas se desplegará a la derecha un gran número de diseños disponibles: sólo texto, con imágenes, con videos, con viñetas, etc. (Fig. 5.6)

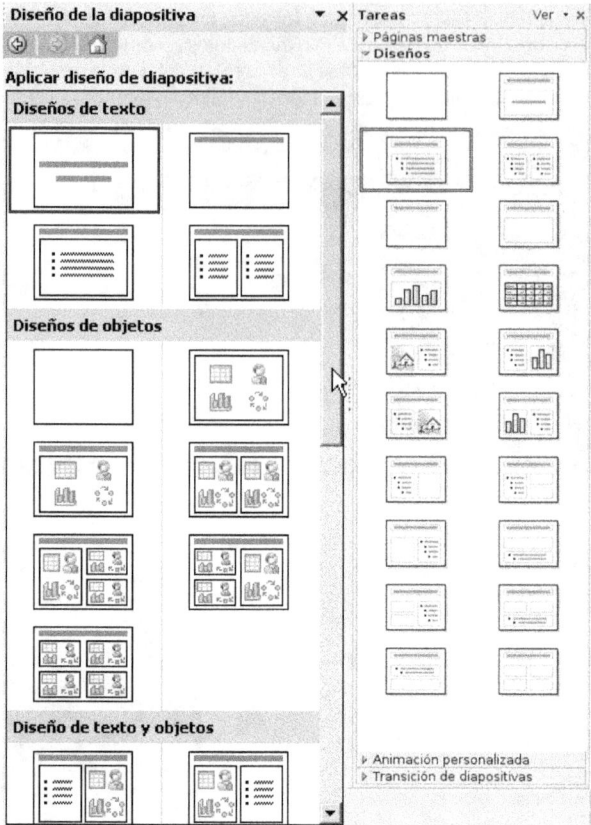

Figura 5.6. Diseños de diapositiva PowerPoint (izda) e Impress (dcha).

3. Insertar imágenes, películas y sonidos en una presentación.

Las diapositivas de la presentación pueden imprimirse sobre transparencias y realizar la exposición mediante un retroproyector. Gracias a los cañones multimedia es posible aprovechar todo el potencial de animaciones, videos y sonidos, todo ello desde el menú "Insertar".

La inserción de este tipo de elementos no entraña ninguna complicación, por lo que no se desarrollará más este punto.

4. Modificar el aspecto de una presentación mediante el "Patrón de diapositivas".

En PowerPoint, a través del menú "Ver", puedes acceder al "Patrón". En Impress esta opción está en "Ver", "Fondo" y "Patrón de diapositivas". El patrón nos permite definir fondos, tipos de letra, márgenes, pies de página, etc. para todas las diapositivas de una presentación. De esta manera, cuando insertemos una diapositiva nueva, podremos aplicar todas las características de formato, sin necesidad de tener que aplicarlo a cada elemento de una diapositiva. Además garantizaremos que todos los títulos están en la misma posición, utilizarán las mismas características de fuente, etc.

Además podremos tener diferentes patrones, de manera que cada parte de una misma presentación pueda tener aspectos diferentes. Una vez que tengamos varios patrones podremos aplicarlos a través del menú "Formato", "Estilo de la diapositiva".

Otra ventaja es que cualquier cambio que realicemos en el patrón, se llevará a cabo en todas las diapositivas, de manera que si, una vez terminada nuestra presentación, queremos modificar el aspecto de los títulos, por ejemplo el color, no es necesario ir diapositiva por diapositiva modificando el aspecto, bastará con utilizar el patrón para llevar a cabo este cambio.

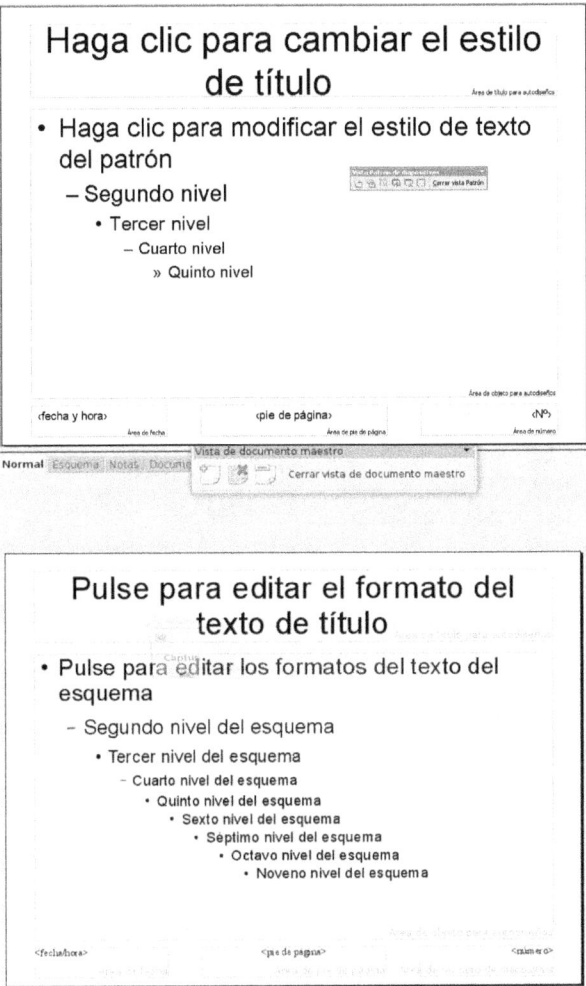

Figura 5.7. Patrón de diapositivas en PowerPoint (superior) e Impress (inferior).

5. *Añadir transiciones a las diapositivas.*

A veces es interesante aplicar transiciones a las diapositivas que ayuden durante la presentación. Podrás hacerlo desde el menú "Presentación" y después en "Transición de la diapositiva".

Puedes seleccionar la transición que más te guste, poner un sonido y definir el tiempo para que se produzca la transición automáticamente tras un determinado intervalo de tiempo o que se reproduzca cuando hagas clic con el ratón.

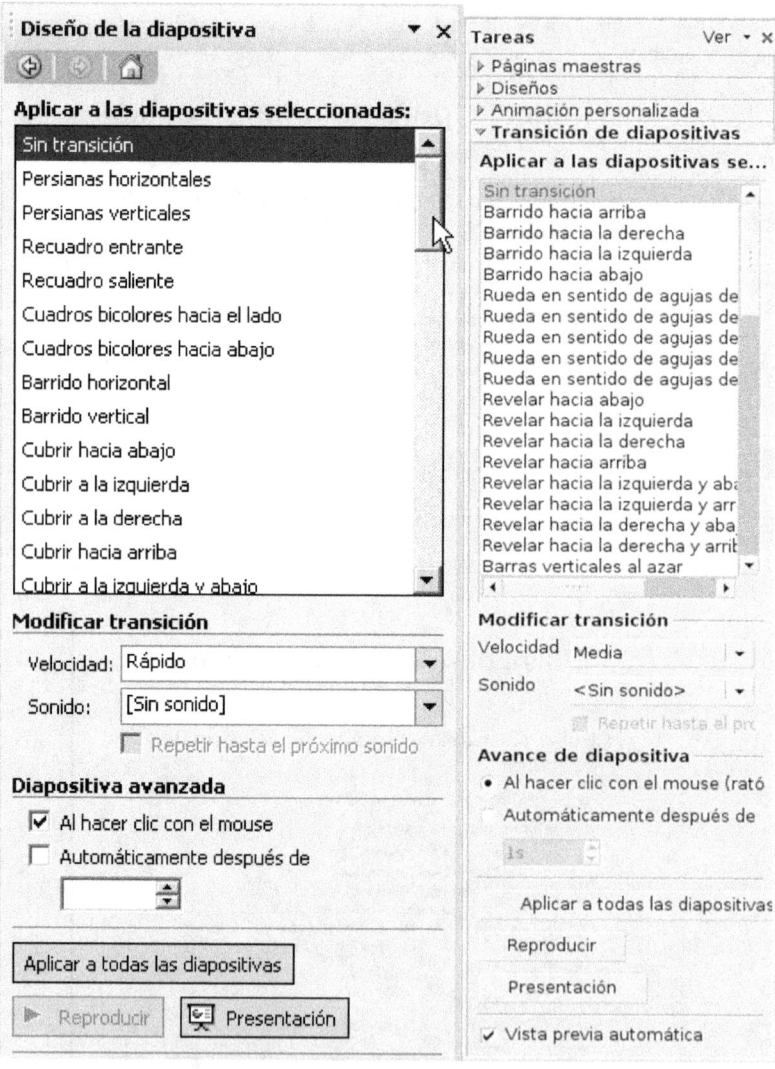

Figura 5.8. Transición de diapositivas en PowerPoint (izda) e Impress (dcha).

6. Agregar animaciones.

Una opción muy interesante para llamar la atención de la audiencia en una presentación oral es el uso de animaciones en los diferentes objetos de la diapositiva: imágenes, texto, etc. Para ello a través del menú "Presentación" y "Personalizar Animación" se pueden seleccionar diferentes animaciones, se podrán ir agregando efectos para que el elemento aparezca, desaparezca o que nos permita hacer énfasis.

PowerPoint, a través de menús desplegables, una vez pulsado el botón "agregar efecto" e Impress, mediante pestañas, ofrecen un gran número de animaciones diferentes que harán más vistosa nuestra presentación, pero recuerda que el uso de animaciones debe ser para facilitar la atención y no para distraer. Un exceso de animaciones puede ser contraproducente.

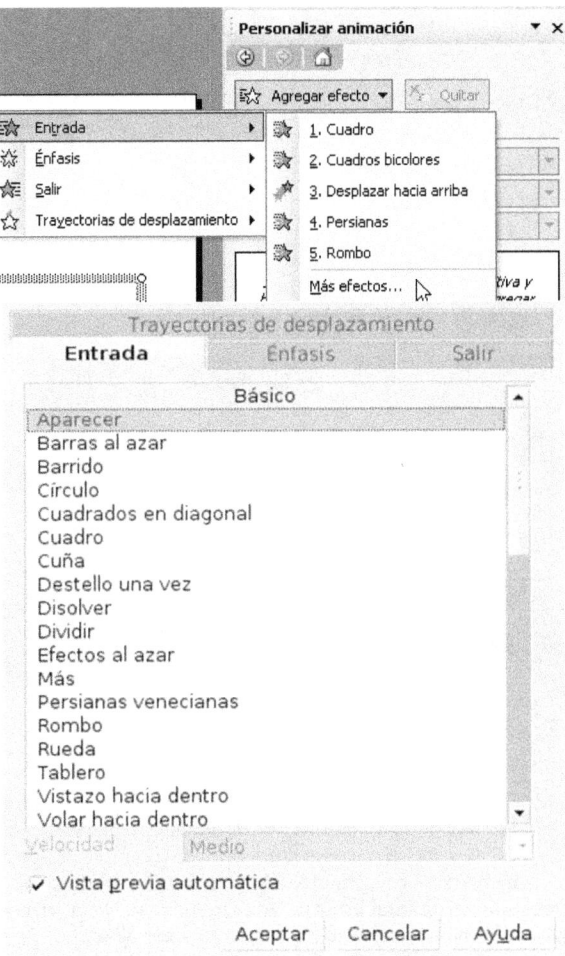

Figura 5.9. Tipos de animaciones en PowerPoint (superior) e Impress (inferior).

Para insertar una animación, primero debes seleccionar el objeto que quieres animar, después definir el orden o si quieres que se anime automáticamente. A medida que se van añadiendo efectos irán apareciendo en la lista, será el momento de ordenarlos y determinar el tiempo que durarán a través del desplegable que aparece en cada animación.

Figura 5.10. Animaciones en PowerPoint (izda) e Impress (dcha).

7. Visualizar la presentación.

Tanto en el menú "Ver" como en el menú "Presentación" encontrarás el comando "Ver Presentación" que pondrá tus diapositivas a pantalla completa. Es interesante que practiques y que aprendas a moverte con soltura a través de tu presentación. Lo mejor es utilizar las flechas "Arriba" y "Abajo" del teclado para avanzar y retroceder. Si usas el ratón es fácil que hagas clic accidentalmente y que te pierdas. Para ensayar, PowerPoint proporciona la opción de "Grabar narración" o "Ensayar intervalos".

Puedes finalizar la presentación mediante la tecla "Esc" del teclado.

8. Recomendaciones a la hora de realizar una presentación.

Antes de realizar una presentación oral es importante, si es posible, conocer el nivel o el grado de experiencia que tendrá la audiencia en el tema a tratar, para poder adaptar su contenido y poder proporcionar una exposición más provechosa.

Un aspecto fundamental es el ensayo. Ensayar una presentación repetidas veces nos permitirá evitar los errores más frecuentes que se cometen con excesiva frecuencia en sesiones clínicas, mesas redondas, seminarios o congresos especializados.

El ensayo nos permitirá adecuarnos al tiempo disponible, memorizar el contenido de la presentación evitando tener que recurrir en exceso a la lectura del texto de las diapositivas, a parte de darnos más seguridad y evitarnos nervios innecesarios.

El tiempo de exposición ha de controlarse escrupulosamente, sobre todo si tras nuestra intervención se producirán otras más. Utilizar más tiempo del proporcionado, será una falta de respeto y de educación hacia los oyentes y hacia los intervinientes de después, además esto limitará el tiempo de discusión si lo hubiere.

Ensayar la presentación también nos ayudará a organizarla de la mejor manera posible, jerarquizando y agrupando temas en diapositivas, insertando elementos que llamen la atención de la audiencia, que nos permitan interactuar con ella. Si leemos en exceso el texto de las diapositivas, no podremos fijarnos en las caras de los oyentes, que podrán ayudarte a saber si lo que estás explicando se está comprendiendo o no, además tu presentación resultará más monótona y aburrida. También será importante hablar a una velocidad adecuada vocalizando y pronunciando correctamente, manejando con habilidad las pausas y los énfasis.

Siempre debemos tener claro cual es el objetivo de la presentación, cuáles serán los puntos sobre los que queremos llamar la atención, ensayar y familiarizarse con la presentación, sus imágenes, sus transiciones o animaciones, eliminando aquellas que no aporten nada o nos retrasen en nuestra exposición. Otra recomendación es, si es posible, antes de una presentación probar los sistemas informáticos disponibles, volcar el archivo al ordenador que reproducirá las presentaciones y probarla.

Aprovecho estas recomendaciones, una vez más, para recordarte la conveniencia de realizar copias de seguridad, esto es, tener siempre varias copias "por si acaso". Llevar un CD, un Pen-Drive, una copia en una tarjeta de memoria, en el móvil, en el reproductor MP3, etc. nunca estará de más. Existen programas específicos para la realización de copias de seguridad. Incluso sistemas como Dropbox (http://www.getdorpbox.com) que proporciona un programa gratuito (disponible también para Linux y Mac) que genera una carpeta en nuestro sistema, la cual se sincronizará automáticamente con la de un servidor remoto, al que podremos acceder en cualquier momento y desde cualquier lugar del mundo; además también permite crear carpetas y compartirlas con cualquier persona, lo que supone un sistema muy útil para compartir información. Otra opción muy sencilla, es mandarse una copia del trabajo a uno mismo, a tu propia cuenta de correo electrónico. Nunca escatimes en copias de seguridad.

NOTA FINAL: Estas acciones y sus indicaciones no pretenden ser absolutamente aclaratorias. Se recomienda al lector que utilice la ayuda del sistema. La informática se aprende usándola. Antes de terminar, pregúntate si eres capaz de reproducir las acciones propuestas.

MÓDULO 6: Aplicaciones de gestión bibliográfica

Objetivos del módulo

Al finalizar este módulo, el lector será capaz de:

1. Utilizar las características básicas de Zotero.
2. Realizar bibliografías con Zotero y un procesador de textos.

Bibliografía específica y complementaria

Aunque estas notas son suficientes para alcanzar los objetivos propuestos, se recomienda al lector que aclare sus dudas y amplíe sus conocimientos mediante la guía de iniciación que encontrará en Zotero o en: http://www.zotero.org/support/quick_start_guide.

Material audiovisual o de Internet

❧ Software:

  ❧ Zotero

  ❧ Microsoft Word o OpenOffice Writer.

  ❧ Mozilla Firefox, Netscape Navigator 9.0 o Flock 0.9.1.

❧ Descarga gratuita de OpenOffice: http://es.openoffice.org

❧ Descarga gratuita de Mozilla Firefox: http://www.mozilla-europe.org/es/firefox/

❧ Descarga gratuita de Zotero: http://www.zotero.org/

❧ Diccionario de términos informáticos: http://whatis.com/

❧ Cursos de Informática: http://www.aulaclic.es/

Objetivo 1

Utilizar las características básicas de Zotero.

¿Qué es Zotero?

Zotero es una aplicación que permite recopilar, organizar y analizar fuentes de información (citas, textos completos, páginas web, libros, artículos especializados, imágenes, etc.) y compartir los resultados de investigación de diferentes maneras. Es una aplicación de software libre y gratuito que se ha de instalar como complemento del navegador de Internet Mozilla Firefox, también libre y gratuito y disponible para Linux, Mac y Windows. Zotero es una aplicación que puede instalarse y ejecutarse sobre cualquiera de los sistemas operativos más extendidos.

Zotero es un programa de gestión bibliográfica que ha sido desarrollado por el *Center for History and New Media*[1] de la Universidad George Mason[2]. Reúne las principales características de los gestores bibliográficos disponibles en el mercado más comunes como son **Endnote** o **Reference Manager**[3] (cuyo coste supera los 250 €). Zotero se integra perfectamente con los recursos online, permite la captación de referencias (cualquier objeto susceptible de ser indexado) directamente de una página web, guardar automáticamente la información de la referencia en los campos correctos. Como reside en el propio navegador Firefox, permite el envío y la recepción de información directamente a través de servicios y aplicaciones web, pero también puede ser utilizado sin conexión.

Sus características principales son que permite capturar la información de las citas bibliográficas directamente de las páginas web, almacenar PDF, archivos, imágenes, páginas web, almacenar notas y comentarios, realizar búsquedas en la base de datos, guardar búsquedas, producir bibliografías y exportar citas con un estilo determinado en Word o en Writer, además se integra perfectamente con WordPress[4] y otros servicios de blogs.

¿En qué consiste este objetivo? Objetivo de habilidades.

Este es un objetivo "de habilidades". Así pues, el lector habrá alcanzado el objetivo cuando sea capaz de realizar las siguientes acciones:

1.- Instalar Mozilla Firefox y Zotero.

Lo primero que debemos hacer para poder utilizar Zotero es instalar alguno de los navegadores compatibles: Firefox, Netscape Navigator o Flock.

Para instalar Mozilla Firefox, navegador de software libre y gratuito, debemos descargarlo desde alguna de las páginas en las que está disponible, por ejemplo desde:

---

[1] http://chnm.gmu.edu/

[2] http://www.gmu.edu/

[3] http://www.refman.com

[4] WordPress, creado por Matt Mullenweg, es el servicio de bitácoras o blogs más extendido de la blogosfera, su desarrollo se ha realizado bajo ciencia GPL de software libre lo que permite que cualquiera pueda generar plug-ins y aplicaciones.

http://www.mozilla-europe.org/es/firefox/. Una vez descargado, ejecutaremos el archivo de instalación y seguiremos las instrucciones en pantalla.

Una vez instalado el navegador, podremos instalar complementos a través del menú "Herramientas" y "Complementos". Bien desde ahí o desde http://www.zotero.org/ podremos instalar Zotero.

2.- Moverse por el entorno de Zotero.

Una vez instalados Firefox y el complemento Zotero, en la barra inferior del navegador aparecerá el siguiente botón: **zotero**, a través del cual accederemos a la interfaz de Zotero, que se muestra en la Fig. 6.1.

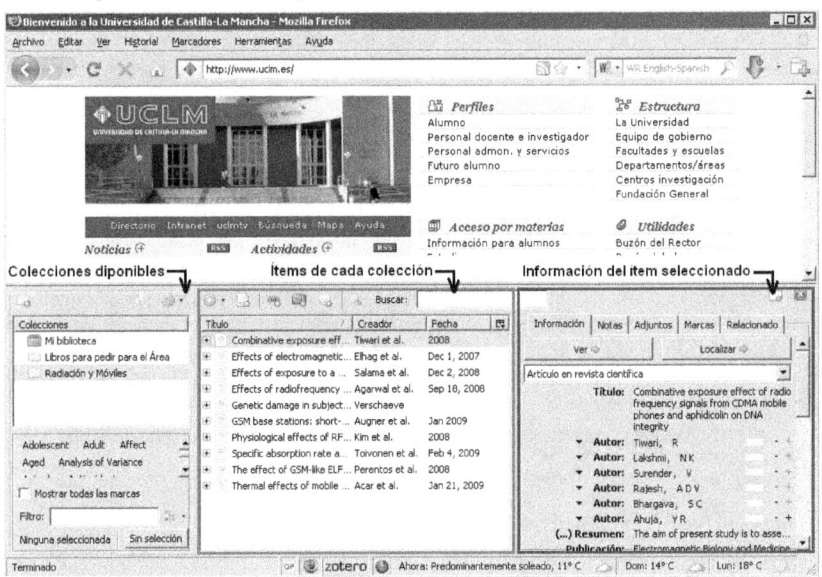

Figura 6.1. Interfaz de Zotero.

Como puede observarse, la pantalla del navegador se divide horizontalmente en dos, en la parte superior se muestra la página web en la que nos encontramos y en la parte inferior se muestra Zotero. La interfaz de Zotero está divida en tres partes: a la izquierda se nos muestran las colecciones disponibles. En el centro de la pantalla encontramos los ítems incluidos en la colección seleccionada. Podremos ordenar los ítems por título, por autor o por fecha (en el ejemplo mostrado); si queremos mostrar más campos podremos seleccionarlos mediante el botón 🔲. Por último, a la derecha, se muestra la información del ítem seleccionado y una serie de pestañas en las que podremos introducir notas, marcas, etc.

En la Fig. 6.2 se muestra la barra de herramientas de Zotero. El primer botón que nos encontramos ⊡ permite agregar nuevas colecciones a la base de datos. El uso de colecciones nos permitirá clasificar los diferentes ítems en grupos. El siguiente botón permite mostrar u ocultar las marcas o palabras clave con las que podremos acceder a determinados ítems de manera rápida. El siguiente botón nos da acceso al desplegable de "acciones" que permiten importar y exportar colecciones, acceder a las preferencias de Zotero, crear una cronografía o acceder a la documentación de Zotero.

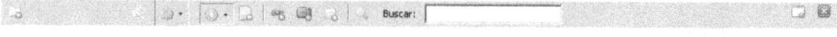

Figura 6.2. Barra de herramientas de Zotero.

El siguiente botón permite insertar nuevos ítems y, a través del desplegable, seleccionar el tipo de ítem a insertar. A continuación encontramos un grupo de botones que permiten insertar ítems directamente en las colecciones, mediante la toma de una fotografía de la web que se está visualizando en ese momento.

El siguiente botón permite acceder a las opciones de búsqueda y al cuadro de diálogo para realizarlas.

Finalmente en la parte derecha encontramos los siguientes botones: . El primero permite maximizar la ventana de Zotero y el segundo cerrar la aplicación.

3.- Crear colecciones e insertar ítems.

Lo primero que debemos hacer es crear una nueva colección y asignarle un nombre. A continuación, ya podremos insertar nuevos ítems. Hay varias formas de insertar nuevos ítems en Zotero: a través del botón podremos seleccionar el tipo de ítem que queremos insertar. No será lo mismo insertar un libro, un artículo científico o un mensaje en un foro. Una vez insertado el nuevo ítem, podremos rellenar manualmente cada uno de los datos a través de la venta de información del ítem seleccionado. Iremos rellenando y Zotero irá guardando automáticamente.

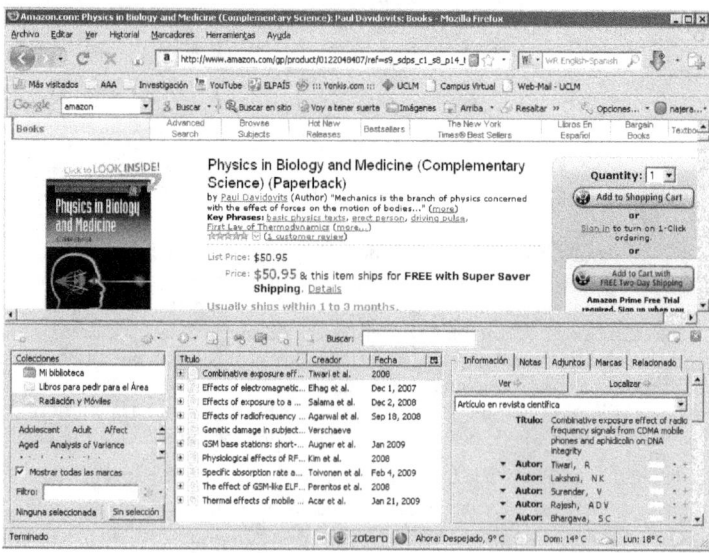

Figura 6.3. Inserción de un libro a través de una web.

Pero lo que verdaderamente da todo su potencial a Zotero es la posibilidad de añadir ítems directamente desde el navegador. Por ejemplo, a través de innumerables bibliotecas o empresas de venta de libros como Amazon o desde Pubmed, podremos añadir el ítem contenido en la pantalla. Zotero se encargará de importar toda la información del ítem automáticamente.

Veamos dos ejemplos. Localicemos un libro a través de la web http://www.amazon.com y mostremos la interfaz de Zotero (Fig. 6.3). En la barra de direcciones del navegador encontramos, a la derecha de la dirección, el siguiente icono ▦ . Haciendo clic sobre ese icono (o arrastrándolo a nuestra colección), Zotero captará toda la información del libro. ¿Sencillo? Mucho, además imagina que en Amazon encontrarás no sólo libros, sino también películas, discos, etc. En el caso de DVDs el icono de la barra de herramientas será ▦ . Como puedes comprobar, añadir ítems a Zotero a través de una web es sumamente sencillo.

Pero no sólo podremos insertar ítems uno a uno, podremos realizar una búsqueda en Amazon o en el catálogo de alguna biblioteca y volcar a Zotero un grupo de ítems con un solo clic. En la Fig. 6.4 se muestran los resultados de la búsqueda de la cadena "medical informatics" en Amazon. Podremos importar resultados de manera sencilla haciendo clic sobre el icono ▭ que aparece ahora a la derecha de la dirección de la página. A continuación aparecerá la ventana que se muestra superpuesta en la Fig. 6.4 donde podremos seleccionar los elementos que queremos agregar a nuestra colección.

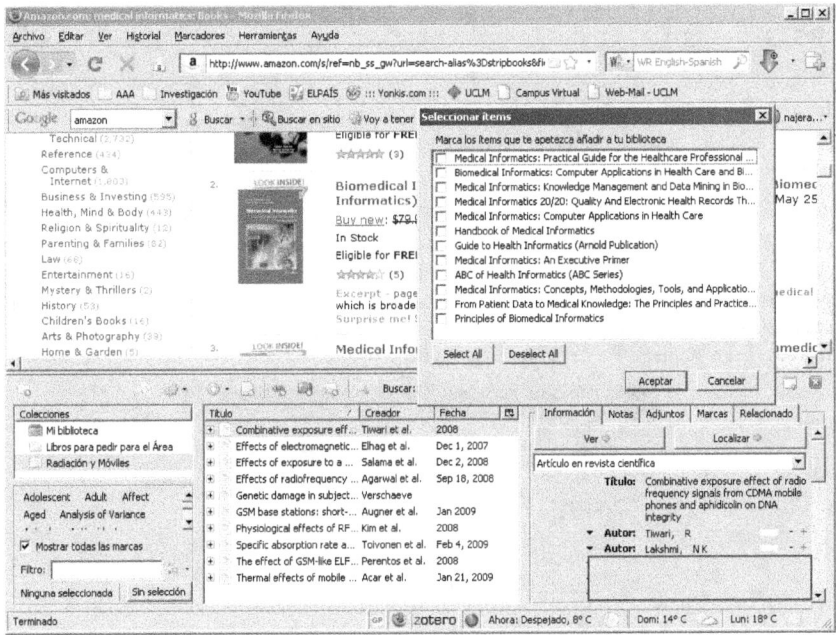

Figura 6.4. Inserción de los resultados de una búsqueda desde una web.

Zotero permite importar la información desde un gran número de páginas en Internet también, desde PubMed. Si realizamos una búsqueda en PubMed, podremos importar los resultados de la misma manera que se ha mostrado para Amazon. Si accedemos a un determinado artículo, podremos agregarlo a nuestra colección de la misma manera, tal y como se muestra en la Fig. 6.5.

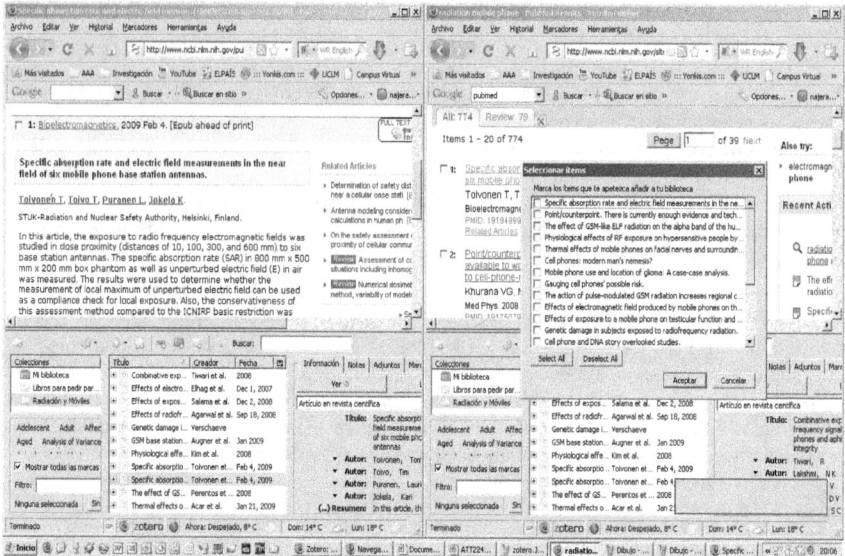

Figura 6.5. Insertar una referencia de un artículo individualmente (izquierda).
Inserción de los resultados de una búsqueda desde PubMed (derecha).

4.- Importar y exportar una biblioteca.

Zotero permite exportar e importar colecciones de una manera muy sencilla. A través del botón 📑 podremos acceder a las diferentes acciones, entre ellas, importar y exportar nuestras colecciones. En la Fig. 6.6 se muestra la ventana de opciones para exportar colecciones y donde podremos seleccionar si queremos exportar también las notas y los archivos de los ítems, así como el formato de exportación.

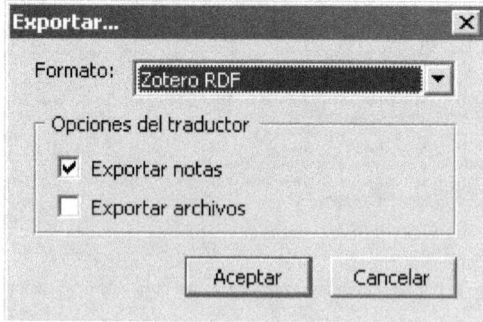

Figura 6.6. Exportar colecciones.

A través del botón "acciones" también podremos "crear una cronografía" a través de la cual se mostrarán los diferentes ítems agregados a nuestra colección en función del tiempo.

5.- Preferencias de Zotero.

En la Fig. 6.7 se muestran las preferencias generales de Zotero a las que accederemos desde el botón "acciones". Podremos seleccionar la visualización de la interfaz del programa, comprobar actualizaciones o permitir a Zotero adjuntar automáticamente los archivos PDF a las entradas, etc.

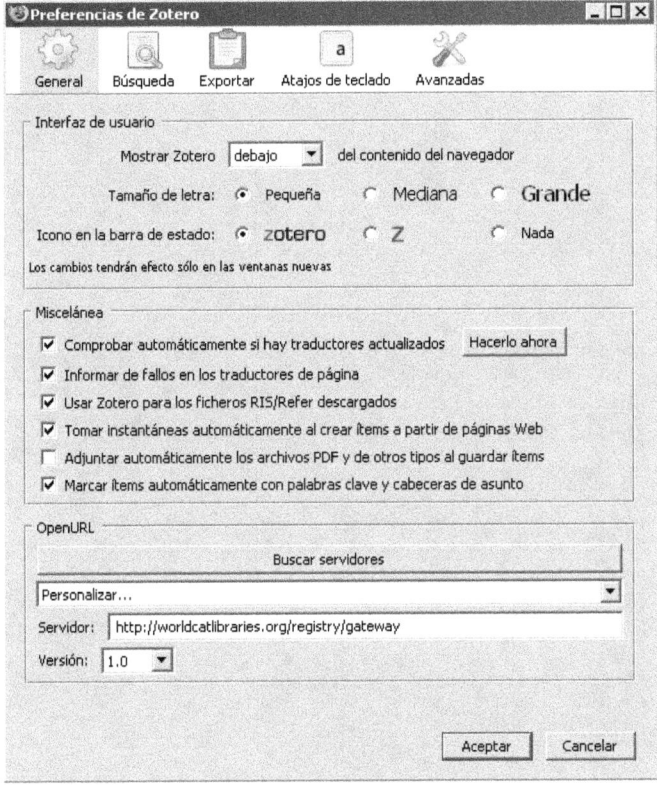

Figura 6.7. Exportar colecciones.

6.- Zotero versión standalone: Google Chrome y Safari.

Aunque Zotero se diseñó para funcionar dentro de Firefox, en la actualidad existe la posibilidad de ejecutar plug-ins en Chrome y en Safari para poder integrarlo. No obstante en estos navegadores requiere la instalación de la versión stand-alone del programa.

Toda la información en: http://www.zotero.org/

NOTA FINAL: Estas acciones y sus indicaciones no pretenden ser absolutamente aclaratorias. Se recomienda al lector que utilice la ayuda del sistema. La informática se aprende usándola. Antes de terminar, pregúntate si eres capaz de reproducir las acciones propuestas.

Objetivo 2

Realizar bibliografías con Zotero y un procesador de textos.

¿Qué es Cite While You Write (CWYW)?

Zotero se integra perfectamente en Word y en Writer, permitiendo "citar mientras se escribe", o lo que es lo mismo, insertar citas bibliográficas directamente en un documento de texto con un simple clic sobre un icono, además permite insertar bibliografías utilizando uno de los múltiples estilos disponibles.

¿En qué consiste este objetivo?

Este es un objetivo "de habilidades". Así pues, el lector habrá alcanzado el objetivo cuando sea capaz de realizar las siguientes acciones:

1.- Instalar el plug-in para Microsotf Word y OpenOffice Writer.

Lo primero que debemos hacer es instalar la extensión (plug-in) para Office o para OpenOffice desde http://www.zotero.org/support/word_processor_integration disponible para Linux, Mac y Windows y, como ya va siendo buena costumbre, libre y gratuito. Una vez instalado, dispondremos de una nueva barra de herramientas en nuestro procesador de textos (Fig. 6.8).

Figura 6.8. Barra de herramientas de Zotero en el procesador de textos.

Esta barra muestra 6 botones que nos permitirán (de izquierda a derecha): insertar citas, editar citas, insertar bibliografía, editar bibliografía, actualizar la bibliografía y definir el estilo de la bibliografía.

Para instalarlo en OpenOffice y Linux, se ha de descargar el paquete zotero.oxt específico. Desde OpenOffice Writer se ha de ir a "Herramientas", "Administrador de extensiones" y seleccionar "Agregar" en la pestaña "Mis extensiones". Buscaremos el archivo y lo agregaremos. Reiniciaremos Writer y ya estará disponible la barra de herramientas de Zotero.

2.- Insertar y editar citas.

Realizar una bibliografía mediante Zotero es sumamente sencillo. Se acabó aquello de tener que ir escribiendo cada uno de los parámetros que caracterizan cada uno de los artículos científicos o libros de una bibliografía, a saber, título, autores, fecha, editor, revista, año, etc. Hacerlo "a mano" multiplica la posibilidad de cometer errores, pero Zotero resuelve este problema, facilitando el trabajo y automatizándolo.

Para insertar una cita, sólo tenemos que hacer clic en el botón ⌨. Independientemente de que se trate de un libro, un artículo, un vídeo o una página web, Zotero insertará la cita de manera correcta con la información disponible en su base de datos, pero cuando realicemos la primera inserción, debemos seleccionar el estilo de bibliografía entre los disponibles, que utilizaremos en nuestro documento (Fig. 6.9).

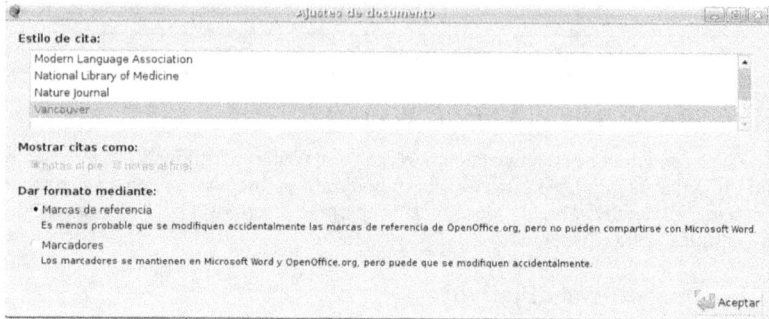

Figura 6.9. Selección del estilo de bibliografía.

Existe un gran número de estilos de bibliografía disponibles en Zotero, además se podrán conseguir más desde: http://www.zotero.org/styles.

Una vez seleccionado el estilo de bibliografía, podremos elegir los ítems cuyas citas deseamos insertar y que se añadirán a la bibliografía. En la Fig. 6.10 se muestra la pantalla en la que podremos seleccionar los ítems. Para insertar múltiples citas de una vez, debemos hacer clic sobre "Fuentes múltiples", seleccionaremos el ítem y lo incluiremos o eliminaremos de la lista de la derecha utilizando las flechas disponibles; aceptando la pantalla concluiremos la inserción de ítems en el documento.

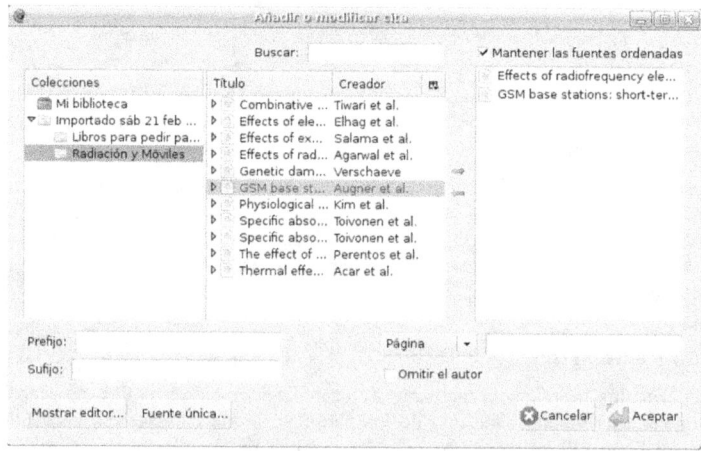

Figura 6.10. Pantalla de selección de ítems.

De esta manera, en el lugar donde estuviera el cursor, habremos insertado las citas en el texto de acuerdo al estilo elegido. En el caso mostrado, en el que se ha utilizado el estilo "Vancouver" se mostrará así "(1-3)". Seleccionando la inserción podremos editar las citas mediante el botón 🔖 con lo que volverá a aparecer la ventana de la Fig. 6.10 y podremos

---

　　　　　　　　　　　　　　　　　　　　Informática y Tecnología en Medicina

seleccionar nuevas entradas, eliminar alguna ya insertada o reordenarlas. Además, mediante el botón "Mostrar editor…" se podrá aplicar un determinado formato al texto o eliminar parte de él.

3.- Insertar y editar bibliografías.

Una vez insertadas las citas, Zotero permite elaborar una bibliografía automáticamente basándose en las citas introducidas; Zotero garantiza que todas las citas insertadas, están correctamente referenciadas en la bibliografía.

Para insertar una bibliografía en un documento basta con seleccionar el botón y automáticamente se generará la bibliografía que aparecerá de la siguiente manera, dependiendo del estilo de bibliografía seleccionado:

> Augner, C. et al., 2009. GSM base stations: short-term effects on well-being. Bioelectromagnetics, 30(1), 73-80.
>
> Elhag, M.A., Nabil, G.M. & Attia, A.M.M., 2007. Effects of electromagnetic field produced by mobile phones on the oxidant and antioxidant status of rats. Pakistan Journal of Biological Sciences: PJBS, 10(23), 4271-4.

Mediante el botón podremos editar el formato del texto de cada una de las entradas o modificar las citas. Si se borra o se elimina alguna característica de una determinada cita, mediante el botón , podremos actualizar las entradas de la bibliografía y de las citas.

4.- Preferencias de estilo de citas.

En cualquier momento podremos modificar el estilo de bibliografía. Para ello pulsaremos el botón y podremos seleccionar otro estilo de bibliografía de la lista (Fig. 6.11). Aceptando la ventana, se aplicarán los cambios a todo el documento, así de sencillo.

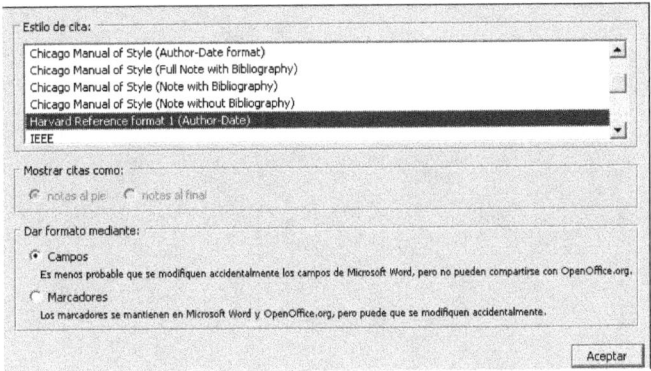

Figura 6.11. Pantalla de selección de estilo de bibliografía.

Imagina que una vez que has hecho la bibliografía de, por ejemplo, una tesis doctoral con más de 200 referencias, que unos días antes de defender el trabajo, tu director de tesis te

---

indica que el estilo que has utilizado para la bibliografía no es adecuado... si has realizado la bibliografía de forma manual, ya puedes empezar a actualizar el formato, e intenta no equivocarte, porque tendrás que dedicarle unas cuantas horas. Sin embargo, si insertaste la bibliografía mediante Zotero, el cambio no te llevará más de unos pocos segundos, cambiando no sólo la bibliografía sino también el estilo de cita en el texto.

NOTA FINAL: Estas acciones y sus indicaciones no pretenden ser absolutamente aclaratorias. Se recomienda al lector que utilice la ayuda del sistema. La informática se aprende usándola. Antes de terminar, pregúntate si eres capaz de reproducir las acciones propuestas.

MÓDULO 7: Salud laboral asociada al uso de ordenadores

Objetivos del módulo

1.   Identificar los principales problemas de salud asociados al uso de ordenadores.

Bibliografía específica y complementaria

Aunque estas notas son suficientes para alcanzar los objetivos propuestos, se recomienda al lector que aclare sus dudas y amplíe sus conocimientos mediante:

1. Dainoff M.J. *Ergonomics and Health Aspects of Work with Computers: International Conference, EHAWC 2007, Held as Part of HCI International 2007, Beijing, China.* 1ª edición. Springer. 2007. ISBN: 3540733329.

Material audiovisual o de Internet

❦ Recomendaciones sobre salud laboral con el uso de ordenadores. Grupo de tecnología educativa de la Univ. de Sevilla: http://tecnologiaedu.us.es/cursovideo/saludlaboral.htm

Objetivo 1

Identificar los principales problemas de salud asociados al uso de ordenadores.

¿Puede ser peligroso el uso de un ordenador?

Se ha demostrado que el uso prolongado de un ordenador, junto con una mala postura o un lugar de trabajo inadecuado, puede provocar entumecimiento u hormigueo en manos, brazos, cuello o espalda, palpitaciones, dolores de cabeza, vista cansada, etc.

En este capítulo se pretende proporcionar una serie de consejos y recomendaciones para prevenir posibles efectos adversos sobre la salud, provocados por el uso de ordenadores.

Principales problemas de salud asociados al uso de ordenadores.

Los principales problemas de salud provocados por el uso continuado de ordenadores son:

1.-Problemas de vista y dolores de cabeza.

Una iluminación inadecuada, reflejos en la pantalla o monitores de mala calidad, así como tamaños de letra en pantalla excesivamente pequeños, pueden provocar la aparición de diferentes síntomas como por ejemplo vista cansada, mareos, irritación de conjuntiva o párpados, dolores de cabeza, vista doble o borrosa, hipersensibilidad a la luz, etc.

Estos problemas se pueden prevenir manteniendo una iluminación homogénea, la pantalla limpia, evitando reflejos y, muy importante, hacer descansos periódicamente y realizar ejercicios visuales, por ejemplo modificando la distancia de enfoque, de la pantalla a un punto lejano durante unos segundos, con lo que relajaremos los músculos oculares. Además es importante intentar mantener una frecuencia de parpadeo elevada o utilizar lágrimas artificiales. No obstante, ante la aparición de los síntomas anteriormente indicados, se debe consultar con un especialista.

2.- Problemas de cuello y espalda.

Trabajar con un ordenador durante un largo periodo de tiempo, puede producir entumecimiento o piernas hinchadas, dolores de cuello y espalda que pueden llegar a extenderse a brazos y manos. Estos síntomas son producidos fundamentalmente por malas posturas, altura inadecuada de la silla, rotación del cuello o flexión excesiva de la muñeca. Se debe buscar una postura adecuada que evite tensiones musculares, posturas forzadas o inadecuadas y realizar descansos, levantarse y estirarse con cierta frecuencia. No obstante, ante la aparición de los síntomas anteriormente indicados, se debe consultar con un especialista.

3.- Problemas de muñeca y brazos.

Actualmente, el manejo de un ordenador exige el manejo de un teclado y un ratón que están prácticamente en permanente contacto con el trabajador. A pesar de que existen dispositivos ergonómicos que hacen más cómodo el trabajo con un ordenador, éstos no son frecuentes en oficinas y puestos de trabajo. A cambio, sí son frecuentes las lesiones en tendones (tendinitis y tendosinovitis) y nervios del brazo. Además del uso de estos dispositivos, es recomendable adoptar una postura defensiva ante el teclado y el ratón que evite tensiones y esfuerzos, además es recomendable una postura que mantenga estiradas las muñecas. Por ejemplo, nos ayudará a prevenir estos síntomas el hecho de situar la silla a una altura suficiente que permita mantener el codo flexionado a 90 grados y el antebrazo apoyado en su totalidad en la mesa, para ello se puede situar el ratón alejado del borde de la mesa, con lo que además evitaremos apoyar la parte anterior de la muñeca sobre el canto de la mesa. No obstante, ante la aparición de los síntomas anteriormente indicados, se debe consultar con un especialista.

4.- Tareas repetitivas y aburridas.

Algunas tareas con un ordenador son sumamente repetitivas y poco enriquecedoras, por ejemplo aquellas que exigen la entrada de datos en un ordenador durante largos periodos de tiempo y que provocan un sentimiento de dependencia de la máquina y aislamiento del trabajador. Estos trabajos suelen requerir escasa formación, la información introducida no suele aportar nada y puede favorecer una devaluación de los conocimientos adquiridos por el trabajador.

En aquellos casos en los que es posible, es recomendable proporcionar cierta autonomía al trabajador para que establezca el orden y ritmo de trabajo, proporcionar mayor variedad al trabajo y proporcionar la posibilidad de interacción entre trabajadores. No obstante, ante la aparición de los síntomas anteriormente indicados, se debe consultar con un especialista.

Consejos generales.

Es importante realizar descansos periódicamente, estirar los brazos y piernas, descansar la vista, así como parpadear frecuentemente. Además de evitar posturas que provoquen tensiones, es recomendable el uso de dispositivos ergonómicos. Prestar más atención al modelo de teclado y ratón en el momento de su adquisición, que faciliten su uso y lo hagan más confortable.

Como se ha indicado varias veces a lo largo del capítulo, siempre, ante la aparición de síntomas, se recomienda consultar con un especialista.

MÓDULO 8: Fundamentos de Telemedicina

Objetivos del módulo

1.	Conocer los principios básicos de la comunicación en Medicina.
2.	Conocer los principios básicos de transmisión de datos a través de redes de ordenadores.
3.	Conocer los principios básicos de la Telemedicina.
4.	E-learning.

Bibliografía específica y complementaria

Aunque estas notas son suficientes para alcanzar los objetivos propuestos, se recomienda al lector que aclare sus dudas y amplíe sus conocimientos mediante:

2. Coiera, E. *Informática Médica*. 2ª Ed. Ed. El Manual Moderno. 2005. ISBN: 970-729-199-0.

3. Shortliffe EH, Cimino JJ. Biomedical Informatics: *Computer Applications in Health Care and Biomedicine*. 3º ed. Springer; 2006. ISBN: 038-728-986-0.

Material audiovisual o de Internet

- Sociedad Española de Informática de la Salud: http://www.seis.es
- El Médico Interectativo: http://www.elmedicointeractivo.com/index.php
- American Medical Informatics Association: http://www.amia.org/
- Telemedicine Information Exchange: http://tie.telemed.org/default.asp
- Handbook of Medical Informatics:
  - http://www.mieur.nl/mihandbook/r_3_3/handbook/home.htm

Objetivo 1

Conocer los principios básicos de la comunicación.

Introducción. Importancia de la comunicación en Medicina.

Es bien sabido que el personal sanitario ha de manejar con habilidad la comunicación interpersonal. En los últimos años, con el desarrollo de las tecnologías de la información y la comunicación, el incremento de la especialización de los profesionales, así como la movilidad de los pacientes (que no viven toda su vida en un mismo lugar), ha provocado la ampliación del concepto de comunicación médica que ya no se limita a la "entrevista clínica".

Si hace unos pocos años estaba claro el contexto y el medio en el que se producía este intercambio de información, en la actualidad, es habitual que la entrevista clínica se apoye en personal que no trabaja en contacto con los pacientes, desde el personal de laboratorio, hasta el personal de administración y servicios. Este hecho ha potenciado la necesidad de definir las necesidades tecnológicas específicas de cada tarea. Por ejemplo, al personal de una UVI móvil que viaja hacia el servicio de urgencias de un hospital, no se le ocurrirá proporcionar los datos del paciente mediante una carta, podemos pensar en métodos más apropiados para el envío de la información, desde una llamada de teléfono (a través de un dispositivo móvil) o el envío de un correo electrónico o una videollamada.

No obstante, a pesar de las necesidades de formación por parte de personal sanitario en nuevas tecnologías, su presencia en planes de estudio o cursos de formación es todavía testimonial, mientras que algunos aspectos o de técnicas que ya no se utilizan, siguen estando muy presentes. No sólo eso, sino que además, el personal sanitario tiende a prestar poca atención a las consecuencias de elegir una forma de comunicación u otra, por lo que mientras no se conozca profundamente el problema ni las tecnologías disponibles para su solución, el avance de este campo seguirá rezagado.

Pero la situación es grave cuando se analiza el efecto que una falta de comunicación puede tener sobre la salud. Por ejemplo, en el estudio de Wilson y colaboradores de 1998 en el que se revisaban 14.000 defunciones intrahospitalarias, se descubrió que la causa fundamental de la muerte fueron los errores en la comunicación, siendo el doble de los errores debidos a capacidades clínicas inadecuadas. Pero estos fallos de comunicación no sólo afectan al paciente, la administración de los servicios de salud sufre también pérdidas millonarias por culpa de fallos en la comunicación.

El espacio de comunicación.

El primer paso en la optimización de los sistemas de comunicación, es definir el **Espacio de Comunicación** que será el conjunto de procesos o componentes que apoyan la comunicación interpersonal.

En un hospital ocurrirán innumerables procesos de comunicación, por ejemplo, el cambio de turno del personal de enfermería en el que se cuentan los detalles de lo ocurrido con los pacientes durante su jornada laboral, la localización de un facultativo por medio de dispositivos de búsqueda, etc. que ahora concebimos de una determinada manera y en un espacio físico, pero que podría ser modificado y actualizado mediante el uso de nuevas tecnologías.

Con cualquiera de los ejemplos anteriormente citados, podemos pensar en que el proceso de la comunicación involucrará a diferente personal, diferentes mensajes y soportes que se han de intercambiar, diferente canal, etc. y que las estructuras o sistemas utilizados restringirán el tipo de información y la velocidad del intercambio. Así debemos identificar los diferentes componentes de un espacio de comunicación:

- **Canal de comunicación**: En la actualidad se dispone de una gran cantidad de canales de comunicación: cara a cara, por correo electrónico, teléfono, videoconferencia, historia clínica electrónica, etc. Cada uno con diferentes características de capacidad y propiedades, los cuales determinarán su idoneidad para cada tarea.

- **Tipos de mensajes**: en general se pueden identificar tres tipos de mensajes: orientado a datos (intercambio de pruebas de laboratorio), a tarea (instrucciones sobre pruebas a realizar) y a plantilla. Además podremos diferenciar mensajes formales y mensajes informales.

- **Políticas de comunicación**: Es necesaria la definición de una política de comunicación por parte de la institución que, por ejemplo, pueda restringir el acceso a cierta información a parte de su personal.

- **Agentes**: En los servicios de salud, es importante la existencia de agentes de información que gestionen las comunicaciones, de manera que el personal clínico no vea interrumpido su labor de asistencia, por ejemplo, porque tiene que contestar al teléfono. La comunicación entre agentes de diferentes servicios, puede facilitar la comunicación.

- **Servicios de comunicación**: Son los diferentes servicios de comunicación proporcionados por los sistemas de comunicación como por ejemplo el envío de un fax o una llamada por una línea telefónica. Pero sabemos que además de esos servicios, una línea telefónica puede proporcionar otros servicios de comunicación, al igual que un teléfono móvil proporciona correo de voz o mensajería de texto. Es importante definir los servicios de comunicación que serán más útiles.

- **Dispositivo de comunicación**: Existen innumerables dispositivos de comunicación como el teléfono, el correo electrónico, el fax o una PDA (*Personal Digital Assistant*). Los dispositivos móviles de comunicación están evolucionando constantemente y proporcionando nuevas vías de comunicación.

- **Modo de interacción**: el modo de interacción condicionará el proceso de comunicación. Por ejemplo ciertos procesos necesitarán una respuesta inmediata interrumpiendo la actividad del receptor y otros modos, como el correo electrónico, que no exigirán esa interrupción.

Por tanto, un sistema de comunicación necesita la definición de numerosos factores que facilitarán o dificultarán el proceso. Por tanto, da igual el gasto en nuevas tecnologías que haga un gobierno o institución si al final se envía una resonancia magnética a un teléfono móvil con una pantalla minúscula… y sobre todo, de nada servirá si el personal receptor o emisor no conoce el funcionamiento de los diferentes dispositivos y sus aplicaciones.

Comunicación a distancia y localización temporal.

Un aspecto esencial del proceso de la comunicación, que además lo condicionará, es la separación espacial y/o temporal de los participantes. La comunicación puede desarrollarse en el mismo lugar o a distancia, al mismo tiempo o en diferido. De esta forma podremos encontrar las siguientes situaciones:

☝ **Mismo tiempo, mismo lugar:** La comunicación inmediata, normalmente representada por la conversación cara a cara, es la que nos puede servir de referencia para comparar las limitaciones de otros tipos de comunicación. Se trata de una comunicación directa, en la que se pueden intercambiar señales sutiles y complejas, los participantes pueden verse y oírse e intercambiar material. Este tipo de comunicación puede verse enriquecido mediante el uso de proyectores y presentaciones multimedia, pero cuidado, también empeorada si no se usan con maestría.

☝ **Mismo tiempo, diferente lugar:** Cuando los interlocutores están separados por la distancia, el intercambio de mensajes necesita un canal de comunicación; este tipo de comunicación recibe el nombre de **comunicación sincrónica** y el ejemplo más frecuente es la conversación telefónica. Otro ejemplo, es la difusión de información a través de la televisión, en este caso se trata de un canal de comunicación sincrónico unidireccional, en el que no es posible la interacción. Una conversación telefónica suele ser suficiente para casi todas las necesidades de comunicación, pero puede enriquecerse mediante el envío de imagen o video, o incluso compartir una aplicación informática permitiendo a ambos interlocutores trabajar al mismo tiempo sobre un documento. De esta manera se estarán enviado voz, video y datos, por lo que el canal de comunicación debe ser capaz de enviar toda la información "a tiempo" evitando retardos, ecos, interrupciones, etc.

☝ **Tiempo diferente, mismo lugar:** La **comunicación asincrónica** es la que ocurre cuando los individuos se encuentran en un mismo lugar pero separados en el tiempo. El ejemplo más sencillo es el uso de notas dejadas en un tablón o sobre el escritorio de un colega. Existen programas informáticos que permiten este tipo de comunicación a través de notas en la pantalla o sofisticados sistemas de intercambio de mensajes como los foros de discusión, aunque un ejemplo claro de este tipo de comunicación podría ser el correo electrónico. Este tipo de comunicación no es interruptiva, no interrumpe el trabajo del médico que puede consultar la información cuando no está ocupado, lo que no ocurre con la comunicación sincrónica. Desventajas de este tipo de comunicación son que no es urgente y que no es idónea para realizar conversaciones continuas.

☝ **Diferente tiempo, diferente lugar:** Este tipo de comunicación es claramente asincrónica y es la que puede tener más aplicaciones y posibilidades. La información se puede ir acumulando en un determinado lugar y que cualquier individuo interesado pueda acceder en cualquier momento. Por ejemplo, una base de datos con los resultados de laboratorio a los que accede cualquier médico en cualquier momento. Estos registros podrán ser de texto, voz, imagen, etc.

Servicios de comunicación.

Como hemos visto, dependiendo del tipo de comunicación, los servicios de comunicación óptimos serán diferentes. El correo electrónico, la videoconferencia, la telefonía de voz, el correo de voz, los foros de discusión, las listas de distribución o los sistemas de mensajería instantánea son ejemplos de servicios de comunicación con aplicaciones diferentes. Se propone al lector que evalúe las ventajas e inconvenientes de usar cada uno de los servicios anteriores en los cuatro tipos de comunicación introducidos en el punto anterior.

Objetivo 2

Conocer los principios básicos de transmisión de datos.

Introducción.

En el presente objetivo se pretende proporcionar los conceptos básicos fundamentales sobre tecnología de la información. En general se tiende a restar importancia a estos principios, primando la aplicación o interés de las tecnologías de la comunicación, pero un conocimiento, al menos superficial, es recomendable para comprender el funcionamiento de los sistemas de comunicación.

Comunicación mediante ordenadores: protocolo ISO-OSI.

Todo proceso de comunicación, en especial la comunicación entre ordenadores, debe regirse por una serie de normas que garanticen que los sistemas involucrados serán capaces de interpretar correctamente la información transmitida, es lo que se conoce como **protocolo de comunicación**.

El protocolo de comunicación establecerá una serie de normas que en el lenguaje oral son adquiridas por el individuo a lo largo de los años, por ejemplo, cuando intervenir, escuchar con atención, preguntar que se repita algo si no se ha entendido correctamente, idioma utilizado que deberá ser el mismo para ambos interlocutores, y si no lo es, la forma de resolver los posibles malentendidos, etc. Pues algo parecido es lo que se pretende fijar mediante los protocolos de comunicación entre ordenadores: construcción del mensaje, intercambio del turno de envío de datos, reparar errores de comunicación, cifrado del mensaje, etc.

En el caso de la comunicación digital, un mismo canal de comunicación (por ejemplo un cable) proporcionará soporte para diferentes servicios de comunicación. Por ejemplo, Internet proporciona un gran número de servicios como Telnet, HTTP, FTP, etc. servicios que viajan en capas casi independientes y que además no dependen del tipo de computadora utilizada.

El protocolo que rige el intercambio de información mediante ordenadores es el ISO[1]-OSI[2] (Standard 7498, 1984, 7498-1:1994) que es un estándar de software. Este sistema para la comunicación entre ordenadores heterogéneos, desarrollado por la *Internet Engeneering Task Force* (http://www.ietf.org/), se basa en un sistema de 7 capas: física, enlace de datos, red, transporte, sesión, presentación y aplicación (Fig. 7.1).

Cada una de las capas se comunica con su capa correspondiente en el otro sistema de acuerdo a unas reglas, e interactúa con las capas adyacentes.

La capa "física" constituye la estructura que permite la comunicación, en ella están involucrados principios físicos (voltaje, tiempos, cargas, etc.) que permiten el envío de datos de manera digital a través de los diferentes dispositivos de red (routers, cables, etc.). En este caso el protocolo es software pero interactúa con el hardware en gran medida.

---

[1] *International Organization for Standarization – Organización Internacional para la Estandarización.*

[2] *Open System Interconnection model –Interconexión de Sistemas Abiertos.*

La capa "enlace de datos" organiza los datos "en crudo" o sin tratar en paquetes de datos de acuerdo a una estructura lógica. Esta capa se encarga además de notificar y controlar errores de transmisión, sincronización, entrega de paquetes, etc.

La capa "red" es la responsable de traducir las direcciones lógicas o virtuales en direcciones físicas, además proporciona el enrutamiento de los paquetes creando rutas lógicas. Por ejemplo la dirección IP de un sistema informático y su codificación forma parte de esta capa.

La capa "transporte" garantiza que los paquetes de información son entregados sin errores, para ello combina segmentos o secuencias de datos estableciendo sesiones de entrega punto a punto. El protocolo TCP/IP o el NetBEUI son ejemplos de esta capa.

La capa "sesión" se encarga de permitir, a dos ordenadores, establecer una conexión, empezando y terminando conexiones entre aplicaciones. Un ejemplo de esta capa es el protocolo NetBIOS.

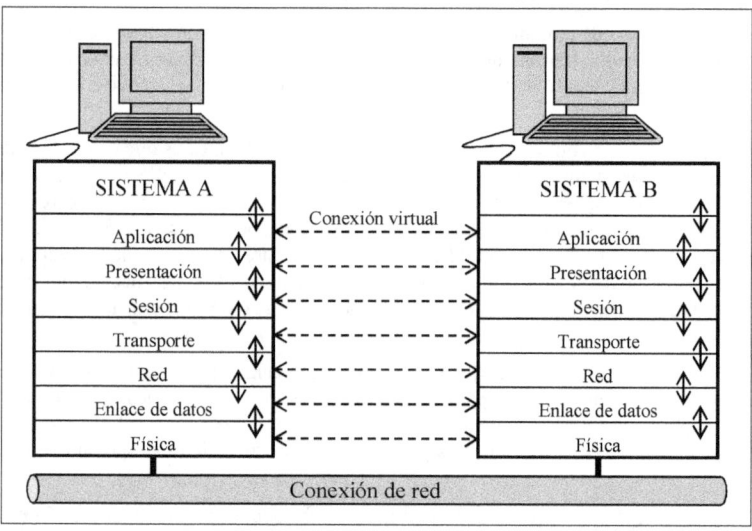

Figura 8.1. Capas del protocolo ISO-OSI.

La capa "presentación" traduce o comprime los datos de la aplicación del ordenador local a datos transmisibles por la red, también se llama capa de sintaxis. Por ejemplo el protocolo HTTP/HTML es el encargado de actuar en esta capa.

Por último, la capa "aplicación" es la encargada de gestionar las diferentes aplicaciones que corren a través de la red, como por ejemplo la transferencia de archivos o el correo electrónico.

Si quieres ver todos los servicios que están utilizando tu red, haz lo siguiente: ve a "inicio"→ "ejecuta", teclea "cmd" y pulsa enter, en la ventana escribe "netstat". El sistema te mostrará un listado de servicios que están usando la red, el protocolo de la capa transporte o la IP de la capa red a la que está asociado.

Cada capa no se desarrolla en dispositivos diferentes, sino que un mismo equipo puede encargarse de gestionar varias capas a la vez. Entender la existencia de estos protocolos y capas, conocer el sistema OSI proporciona una base fundamental para entender algunas de las diferencias tecnológicas que se utilizan en los actuales servicios de comunicación.

Canales de comunicación.

Como se ha indicado anteriormente, un canal de comunicación proporciona una conexión entre emisor y receptor para el envío de información. En el caso de la telefonía clásica de voz, el canal debe crearse para cada comunicación, esto es, conectar físicamente con un cable el teléfono de los dos interlocutores, este sistema se denomina **conmutación de circuitos** y tiene como inconveniente que una vez que se cierra el circuito, ningún otro usuario puede acceder a ninguno de los números ocupados. En contraposición a este sistema se desarrolló el sistema de **conmutación de paquetes** que permite el envío de información a través de circuitos que conectan a todos los interlocutores a la vez, por lo que no se cierra el paso a comunicaciones en paralelo o simultáneas de un equipo.

Además los canales de comunicación pueden ser dedicados o compartidos, esto es que permiten un único servicio o varios.

Otra característica de los canales de comunicación es la posibilidad de **multiplexar en tiempo o en frecuencia**. Si queremos evitar que una línea comunique o proporcionar diferentes servicios a través de un mismo canal, debemos dividir la información. La primera solución consiste en dividir bien el tiempo de transmisión de la información entre los diferentes servicios (por ejemplo voz y datos) de manera que la información se empaqueta permitiendo el envío de la información sin que se mezcle y enviándola de manera ordenada, unos paquetes primero y luego otros. Otra forma es multiplexar es en frecuencia, que consiste en asignar bandas de frecuencia de transmisión de datos a través de la línea de transmisión. Dependiendo del **ancho de banda**, medido en hertzios (Hz) ó Megahercios (MHz), se determinará la velocidad de transmisión y el número de servicios que podrán utilizar el canal. Por ejemplo, muchas bandas de frecuencia, pero de un ancho estrecho proporcionarán velocidades de transferencia pequeñas pero múltiples servicios. Al contrario pocas bandas de frecuencia, pero anchas, proporcionarán gran velocidad.

Health Level 7: Estándar para el intercambio electrónico de mensajes clínicos.

Health Level 7 o HL7[3] es un estándar internacional desarrollado por el *American National Standards Institute* (ANSI) para el intercambio de información médica electrónica. El objetivo es proporcionar un protocolo que mejore la atención, optimice el flujo de trabajo, reduzca la ambigüedad y mejore la transferencia de conocimientos entre los diferentes actores dentro de un servicio de salud.

Health Level 7 o "Nivel 7 de Salud" define un protocolo dentro de la capa 7 del protocolo OSI. Como se ha indicado anteriormente, el nivel de aplicación se ocupa de la definición de intercambio de datos, el momento de los intercambios y de la comunicación de ciertos errores. Esta capa es compatible con las funciones de los controles de seguridad, identificación de equipos, disponibilidad de los controles, definición del mecanismo de

---

[3] http://www.hl7.org/

intercambio de negociaciones y, lo más importante, el intercambio de datos de capas inferiores. Por lo que no interfiere con el resto de capas ni genera protocolos diferentes, pero sí define, por ejemplo, las características de un mensaje para la admisión y registro de pacientes, alta o transferencia, investigaciones, resultados, facturación, etc.

Desde 1987, el HL7 viene elaborando estándares para la comunicación médica que son aceptados casi automáticamente como estándares internacionales y usados por las empresas dedicadas a la prestación de servicios de información en el ámbito de la salud.

La versión 2.5 aprobada como norma ANSI en junio de 2003 (ya se trabaja en la versión 3.0) se ha convertido en el estándar para el envío de mensajes clínicos y define: los eventos que desencadenan el envío de un mensaje, la estructura de los mensajes y las reglas de codificación.

HL7 define diferentes tipos de mensajes como el ACK (Originador de Reconocimiento General), ADT (Admisión, Alta y Transferencia), ORM (Originador de Mensaje de Orden), y ORO (Originador de Respuesta de Orden), cada uno con una estructura jerárquica compuesta por segmentos que a su vez de componen de campos, que a su vez están constituidos de compuestos. Por ejemplo, un mensaje para el evento correspondiente a una admisión de un paciente incluye los siguientes segmentos: encabezado del mensaje, tipo de evento, identificación del paciente, visita del paciente, pariente cercano e información de diagnóstico. Cada segmento estará compuesto por campos como por ejemplo la identificación del paciente, que estará compuesta por el nombre, los apellidos, su número de identificación, etc.

Objetivo 3

Conocer los principios básicos de la Telemedicina.

¿Qué es la Telemedicina?

El término **Telemedicina**, dependiendo del profesional que lo defina, suele referirse únicamente a una parte de todo lo que puede englobar este vocablo. En general telemedicina significa comunicación de información a distancia para facilitar el cuidado clínico, tanto información de diagnóstico como de tratamiento y de educación médica.

La Organización Mundial de la Salud (OMS) define telemedicina como "el suministro de servicios de atención sanitaria, en los casos en que la distancia es un factor crítico, llevado a cabo por profesionales sanitarios que utilizan tecnologías de la información y la comunicación para el intercambio de información válida para hacer diagnósticos, prevención y tratamiento de enfermedades, formación continuada de profesionales en atención a la Salud, así como para actividades de investigación y evaluación, con el fin de mejorar la Salud de las personas y de sus comunidades".

Las tecnologías de la información y la comunicación han sido utilizadas en Salud desde sus inicios, desde el teléfono, la radio o la creación de circuitos de televisión específicos entre hospitales, hasta las actuales redes de comunicaciones. El objetivo fundamental era acercar la atención sanitaria a zonas aisladas o de difícil acceso como barcos en alta mar, plataformas petrolíferas, etc.

Esta utilización de las telecomunicaciones facilitó la extensión del término telemedicina que actualmente es más amplio al incorporar nuevas aplicaciones a través de las tecnologías de la nueva sociedad de la información. Un término más apropiado sería **Salud Digital** o **e-Salud** que incluye todas las posibles aplicaciones entre las que podemos destacar las **aplicaciones asistenciales** como la **teleconsulta**, el **telediagnóstico** o la **telemonitorización**, las **aplicaciones clínicas** como la **teleradiología**, la **telecardiología**, la **telepatología**, la **teledermatología** o la **telepsiquiatría**, las relacionadas con la **gestión de pacientes y administración** y las de **formación e información a distancia para pacientes y profesionales (e-learning)**.

Como se ha indicado anteriormente, los diferentes servicios de e-Salud requerirán aplicaciones, canales y servicios diferentes, por lo que habrá que atender a los requerimientos tecnológicos (ancho de banda, protocolos de transmisión, etc.). La formación del personal de los servicios de salud (sanitario, de gestión y administración) será crucial para garantizar el éxito de la implantación de estos servicios.

Las posibles ventajas asociadas al desarrollo de técnicas y tecnologías de e-Salud son múltiples, aunque se siguen evaluando científicamente, se deberá determinar:

- Satisfacción y aceptación del paciente y los profesionales.
- Beneficio económico.
- Aspectos legales sobre seguridad, confidencialidad o acreditación.
- Impacto en el resultado clínico.

En el ámbito sanitario, las tareas de comunicación varían en gran medida, al igual que las necesidades de un médico en un gran hospital serán muy diferentes a las de una enfermera que realiza visitas a domicilio. Para comenzar habrá que distinguir entre:

🖐 Necesidades **intra-grupos** (propias de la comunicación dentro de un grupo por ejemplo en un hospital o en un centro de atención primaria).

🖐 Necesidades **inter-grupos** (propias de la comunicación entre grupos diferentes, por ejemplo entre el hospital y el hogar del paciente).

Para desarrollar las principales aplicaciones de la telemedicina, se presenta su aplicación en tres ámbitos diferentes: telemedicina en casa (el hogar), comunicación y atención primaria (la comunidad) y comunicación en el medio hospitalario (el hospital).

Telemedicina en casa

Por diferentes razones, por ejemplo los beneficios de un tratamiento lejos de posibles infecciones hospitalarias o el de hallarse en un ambiente familiar, el tratamiento en el hogar del paciente es una tendencia que continúa creciendo.

La recuperación del paciente tras ciertas operaciones, el tratamiento de enfermedades crónicas o la terapia de algunas enfermedades degenerativas, son ejemplos donde el paciente puede recuperarse en su domicilio, claro está, con el apoyo a distancia y con la información necesaria por parte de su médico. Para ello necesitará disponer de los sistemas apropiados para acceder a esa información y para comunicarse con su médico. En el otro lado, el personal sanitario, necesitará conocer el estado físico y mental del paciente, así como garantizar la evolución favorable del paciente.

Por tanto los servicios de telemedicina en casa pasarán por proporcionar sistemas que permitan el monitoreo remoto del paciente, garantizar el acceso del paciente al personal sanitario y el acceso del paciente a la información.

Telemonitorización.

Gran parte del tiempo que dedica el personal sanitario en su asistencia diaria se destina al control del paciente y a la revisión de su medicación. El monitoreo a través de una sencilla llamada telefónica o el recordatorio automático de la medicación a personas mayores mediante un sencillo SMS al móvil, permite un gran ahorro económico e incrementar la eficiencia del personal al ahorrar tiempo y viajes.

Utilizando sistemas más complejos, es posible el monitoreo a través de video interactivo, determinación de la glucosa en sangre, presión sanguínea, electrocardiograma, etc. que pueden permitir que algunos pacientes puedan ser dados de alta antes, con el consiguiente ahorro económico, sobre todo con pacientes con domicilios alejados o donde el personal sanitario es escaso. Pero no debemos olvidar que estas técnicas no han sido convenientemente evaluadas y que algunos pacientes necesitan un encuentro cara a cara con su médico y no a través de un frío monitor o un teléfono.

Comunicación paciente-personal sanitario.

En circunstancias normales, la comunicación paciente-médico puede solventarse con revisiones periódicas o a través de una llamada telefónica. No obstante, en determinadas situaciones, por ejemplo un anciano que necesita un servicio de urgencia y está incapacitado y no puede alcanzar el teléfono, serán necesarios otros sistemas. Por ejemplo, en la actualidad, muchos pacientes cuentan con un trasmisor que pueden llevar colgado al cuello que está conectado al teléfono. En caso de emergencia el paciente, pulsando el botón, se pondrá en contacto con el servicio de emergencia que incluso cuenta con llave del domicilio. A través de este sistema, se realizan comprobaciones y seguimientos diarios del paciente.

Acceso del paciente a la información.

Será crítico que el paciente conozca el funcionamiento de las diferentes tecnologías para poder acceder a la información. El acceso a la información puede ser "a demanda" o proporcionado a través de campañas publicitarias en los medios de comunicación. Se ha demostrado el impacto positivo de este tipo de campañas de salud pública y su uso es frecuente. En cuanto al acceso a la información, demandada por el paciente, entramos en un terreno peligroso por las posibilidades que presenta Internet. Los servicios de salud deben proporcionar sistemas específicamente diseñados para proporcionar una determinada información a ciertos pacientes. El problema es la cantidad de información existente en Internet, que sin ningún tipo de rigor, puede informar erróneamente al paciente y tener un efecto muy negativo.

Por ejemplo, un estudio realizado en 1998 en el que se puso a disposición del ciudadano un teléfono de asistencia para la resolución de dudas, llevado a cabo por personal de enfermería, con el fin de ayudarle a saber por ejemplo si debía ir a urgencias o no, realizaba la clasificación previa del paciente o emitía recetas electrónicas. Su eficiencia se demostró rápidamente mediante una reducción del 38% en el número de visitas al médico y en un 23 % en el número de visitas domiciliarias.

El Servicio de Salud de Castilla – La Mancha (SESCAM) a través de su web en la sección "Información de Salud", proporciona al usuario información básica, y enlaces a otros sitios web con información más completa, sobre enfermedades, planes de prevención, vacunaciones, etc. También dispone del servicio *"Contact Center"* a través del número de teléfono 902 25 25 25 donde el usuario puede obtener información, resolver dudas, realizar trámites, consultas y gestiones tanto sanitarias como administrativas.

Comunicación y atención primaria.

El seguimiento o tratamiento del paciente puede involucrar a un gran número de profesionales sanitarios que deben comunicarse fluidamente entre ellos. A veces, estos profesionales no se encuentran ni tan siquiera en el mismo servicio o incluso pueden estar en edificios diferentes. Cada uno elaborará su historia clínica o habrá una historia clínica en formato papel que deberá ir adelantándose al paciente en su visita a los diferentes servicios de atención; en muchos casos el envío de información se realiza mediante correo ordinario, con la consiguiente pérdida de tiempo.

Todos los profesionales que deben intervenir de alguna manera en la sanación de un paciente deben comunicarse e intercambiar información convenientemente, lo que puede ayudar a ahorrar tiempo y dinero a los sistemas de salud, pero también al paciente, que en muchos casos debe contar su problema una y otra vez. Además de una comunicación eficaz, la información del paciente debe ser homogénea y estar estandarizada, imaginemos los problemas que pueden surgir si se interpreta mal un comentario o una anotación en una historia clínica o en una prueba diagnóstica.

Si pensamos en la relación entre los profesionales de atención primaria y los especialistas, podremos identificar fácilmente graves problemas en el intercambio de información entre ellos, por lo que, por ejemplo, utilizar una historia clínica electrónica accesible desde todos los puntos de un servicio de salud, puede redundar rápidamente en el beneficio del paciente. Incluso, aunque sea de manera puntual, una consulta telemática, una discusión por teléfono o videoconferencia entre el doctor de cabecera y el especialista, puede ser suficiente para lograr un diagnóstico correcto y definir un tratamiento adecuado, ahorrando visitas y tiempos de espera.

Resumiendo, una comunicación fluida entre el médico de atención primaria y los profesionales de los servicios especializados, el uso de la historia clínica digital accesible desde todos los puntos del servicio de salud y, como se ha indicado anteriormente, el acceso a la información por parte del usuario, ayudarán a mejorar la atención del paciente, prevenir errores, ahorrar tiempo y dinero y evitar, en cierta medida, la saturación de las especialidades.

Comunicación en el medio hospitalario.

La comunicación entre diferentes hospitales, "**comunicación inter-hospitalaria**", de un servicio de salud permitiendo la interacción entre especialistas por ejemplo por medio del acceso simultáneo a una determinada imagen o prueba diagnóstica y su análisis y puesta en común, en aquellos hospitales donde no se encuentran todos los servicios, permite una optimización del sistema.

Por ejemplo, pensemos en la siguiente situación: el cirujano, basándose en la prueba radiológica enviada por el radiólogo, extrae una muestra que es enviada al patólogo para el diagnóstico. Si el único medio de comunicación entre todos ellos es un papel o un volante, las probabilidades de error son grandes. Imaginemos este otro ejemplo: el radiólogo realiza la prueba de imagen y ésta es accesible simultáneamente por él y por el cirujano quienes, por teléfono, comentan las diferentes posibilidades, cada uno desde su servicio. De la misma manera, podrían interactuar el patólogo (que analiza un trocito del paciente) y el cirujano (que tiene el paciente entero), accediendo a la prueba diagnóstica y comentándola en tiempo real.

Las posibilidades de error se reducen drásticamente, así como las posibilidades de que un determinado informe se traspapele o se retrase. Pensemos además que esto puede ocurrir entre hospitales de diferentes provincias y con pruebas realizadas en tiempos distantes pero almacenadas en una base de datos común.

La comunicación sobre la que más se ha trabajado e invertido es la "**comunicación intra-hospitalaria**", entre profesionales de un mismo hospital. Sobre todo se ha desarrollado el registro electrónico del paciente, los sistemas de localización del personal sanitario (conocido popularmente como "busca") y los sistemas de comunicación asincrónica (por ejemplo correo electrónico) que eviten las interrupciones, que son la principal fuente de pérdida de tiempo y concentración del profesional sanitario. El reto actual consiste en consolidar la implantación de estos servicios y de su integración en un mismo dispositivo: localizador, comunicador, etc. y cuyos servicios estén accesibles en todos los lugares de un hospital de manera inalámbrica.

Tecnología y Telemedicina en el SESCAM.

El Servicio de Salud de Castilla – La Mancha (SESCAM) fue el primero en firmar un convenio con Red.es para el impulso de nuevas tecnologías para la mejora de la calidad asistencial. Por ello es uno de los servicios sanitarios del país que cuenta con más y mejores inversiones en el campo de la e-Salud, por lo que nos servirá de ejemplo para analizar servicios específicos y discutir sus ventajas e inconvenientes. Toda esta información está disponible en http://sescam.jccm.es/.

Se prevé que las principales ventajas del uso de nuevas tecnologías en e-Salud sean:

- Evitar desplazamientos del paciente y derivaciones innecesarias.
- Permitir un mayor seguimiento del enfermo por el personal sanitario.
- Mejorar la calidad asistencial de las consultas.
- Facilitar el acceso a una segunda opinión.
- Fomentar la cooperación entre la Atención Primaria y Especializada.
- Acercar los servicios a los ciudadanos.
- Facilitar la toma de decisiones.
- Mejorar la formación médica continuada.
- Reducir listas de espera y recursos derivados del transporte sanitario.

En los últimos años **se han informatizado todos los centros de Atención Primaria** de la Comunidad, se ha implantado la **imagen médica digital** en todos los hospitales y centros de especialidades, diagnóstico y tratamiento (cabe destacar que el sistema de imagen digital desarrollado por el SESCAM, sirve de modelo para la adopción de este servicio en todo el territorio nacional), se ha desarrollado la **receta electrónica** (lo que supone el ahorro de 600.000 km en desplazamientos) y la **prescripción informatizada**, además el paciente ya puede pedir **cita a su médico de cabecera** desde su domicilio **a través de Internet** (y otros servicios de gestión a través de http://sescam.jccm.es/) o el acceso a la **historia clínica única electrónica mediante los programas Mambrino y Turriano**. Asimismo se están desarrollando servicios de **teledermatología, teleoftalmología, telepatología** y **telemamografía**, se va a extender el uso de la **telefonía IP,** que permite, entre otras cosas, dar un soporte al servicio de cita previa de los centros de salud durante las 24 horas del día o recuperar las llamadas no atendidas en los centros sanitarios por saturación de las líneas.

Veamos, a continuación, los principales proyectos que se han desarrollado o se están desarrollando en e-Salud en Castilla – La Mancha y que sólo en 2008 contaron con una inversión de 50 millones de euros. Cabe destacar que muchos de ellos se desarrollan mediante software libre y plataformas GPL/Linux.

Proyecto "Esculapio".

Esculapio[4] es el proyecto de informatización de la Atención Primaria en Castilla-La Mancha. Con el desarrollo de este proyecto se han instalado más de 4.200 puestos de trabajo informatizados, paquetes ofimáticos, Internet y correo electrónico, además de la implantación del sistema de Información de Atención Primaria (Turriano).

Proyecto "Ykonos"

Ykonos[5], del griego *eikon* que quiere decir imagen, es el nombre del proyecto de imagen médica digital. En la actualidad, toda la imagen radiológica de la Comunidad se

---

[4] Esculapio, Asclepio para los griegos, era el dios romano de la Medicina.

[5] Manual de formación Ykonos en: http://kb.good-ehealth.org/downloadFieldDocument.do?documentId=14

encuentra digitalizada, las radiografías ya no se examinan en placas o películas radiográficas; las pruebas radiológicas son digitales y son interpretadas en ordenadores especialmente diseñados para ello, además, cada imagen médica se relaciona con su correspondiente informe.

Otra ventaja es que cualquier prueba radiológica realizada en cualquier centro sanitario es accesible a cualquier profesional de la Región independientemente de donde se haya hecho. De esta manera se prevé que no sea necesaria la repetición de pruebas cuando un paciente se desplaza de un centro a otro, que las pruebas radiológicas anteriores están siempre disponibles y en cualquier momento, permitiendo compararlas con las últimas pruebas realizadas.

Además es posible acceder a estas pruebas incluso desde los centros de atención primaria, con lo cual los médicos de cabecera tienen también conocimiento y acceso inmediato a la evolución del paciente.

Finalmente, con la implantación de este sistema, además, se reduce el tiempo de espera para la obtención de las pruebas radiológicas ya que se elimina la etapa de revelado de la película convencional y se elimina el gasto en líquidos y película radiográfica ya que no es necesario imprimir la imagen. Por lo que también se elimina la generación de residuos tóxicos debido a la impresión de placas y por tanto, la gestión de los mismos.

Centros de Innovación en Tecnologías de la Información – CITIs.

Los CITIs (Centro de Innovación en Tecnologías de la Información) asociados a las especialidades de Anatomía Patológica, Dermatología, Endoscopia Ginecológica y Cardiología surgen de la extensión del Proyecto YKONOS a otros servicios sanitarios.

En **Anatomía Patológica** (Proyecto Serendipia[6]) se pretende crear un sistema de información que permita el almacenamiento y consulta de todas las imágenes digitales que genera (tanto microscópicas como macroscópicas) accesibles por todos los médicos de la región y crear una Red de Telepatología que permita a los médicos hacer diagnósticos a distancia y realizar consultas remotas.

Con este sistema los médicos dispondrán de un método de consulta entre especialistas, de manera que un determinado profesional podrá consultar un caso con un experto en la materia y obtener una segunda opinión sobre una patología difícil o poco frecuente. Además, a los pacientes se les realizará cualquier prueba de Anatomía Patológica en cualquier hospital de la Región, aunque éste no tenga médicos patólogos, ya que los hospitales de referencia realizarán el diagnostico y el informe final de esa prueba.

En **Dermatología** se pretende crear igualmente una base de datos que permita al Servicio de Dermatología el almacenamiento y consulta de la información que genera y la integración de esa aplicación con el proyecto YKONOS. Además se pretende ofrecer teledermatología entre los centros de salud adscritos a un hospital y el Servicio de Dermatología de dicho Hospital, con lo que la principal ventaja será proporcionar un sistema de cribado entre Primaria y Especializada reduciendo las listas de espera, los recursos derivados del transporte y los desplazamientos del paciente. Además se prevé potenciar la formación continua del personal sanitario.

---

[6] Una serendipia es un descubrimiento científico que se produce accidentalmente.

Igualmente, en **Cardiología** se dispondrá de un sistema donde se facilite el almacenamiento y consulta de la información que genera el Servicio, teniendo en cuenta informes, imágenes y video, para su posterior expansión al resto de la Comunidad Autónoma. Las pruebas que se van a empezar a informatizar son ecocardiografía, señales ECGs, hemodinámica y electrofisiología.

En **Endoscopia ginecológica** se pretende digitalizar la imagen endoscópica, empezando por ginecología y ampliándolo a digestivo, y almacenarla junto al informe generado.

Proyecto "Turriano".

Turriano[7] es el sistema de información de Atención Primaria que permite recoger todos los datos de salud del ciudadano, tanto desde el punto de vista sanitario como socio-sanitario. Su implantación posibilitará el desarrollo de la Historia Clínica Electrónica (HCE) única, homogénea y accesible desde cualquier hospital o centro de salud de la Región conectado a la red.

El sistema también facilita la gestión de Atención Primaria, tanto administrativa (organización de consultas), clínica (antecedentes del paciente) como de explotación de datos (análisis de datos que permiten elaborar informes para mejorar la gestión y el seguimiento asistencial, así como trabajos de investigación).

Proyecto "Mambrino XXI".

Mambrino es el proyecto de la HCE para el ámbito de la atención hospitalaria con el que se pretende la adquisición, desarrollo evolutivo y puesta en marcha de un sistema de información de ámbito regional, multihospital y multicentro; incluye la HCE única del paciente, así como su aplicación en Farmacia y Enfermería. Este proyecto, ya puesto en marcha dota de la infraestructura informática necesaria para dar cabida a estos sistemas y la construcción de un Centro de Respaldo (copias de seguridad) que asegura la correcta continuidad de los sistemas en caso de fallo. Médicos y enfermeras cuentas con ordenadores fijos, portátiles e incluso iPads para acceder a la aplicación.

Mambrino junto con el proyecto Turriano constituyen los pilares de la HCE única del SESCAM, ya que en estos sistemas se encuentra la información de salud procedente tanto del hospital (Mambrino XXI) como de atención primaria (Turriano).

No vamos a opinar sobre la elección de los nombres de los programas, pero diremos que es algo generalizado pues en los Servicios de Salud de Castilla y León (SACyL), estos programas reciben el nombre de "Jimena", esposa de El Cid. Sin comentarios.

---

[7] Juanelo Turriano nacido en Italia, nombrado Matemático Mayor del Reino por Felipe II, vivió en Toledo desde 1535 hasta su muerte en 1585. Es conocido, entre otras cosas, por diseñar el *Artificio de Juanelo* que permitía subir el agua desde el Río Tajo a la ciudad de Toledo, por participar en la reforma del calendario juliano y la implantación del calendario gregoriano en 1582 (usado actualmente) y promovido por el Papa Gregorio XIII, y de diseñar las campanas de El Escorial para Juan de Herrera. Permítame el lector, en este punto, comentar una curiosidad sobre el cambio del calendario juliano adoptado por Julio César en el año 46 antes de la Era Común. La duración del año era de 11 min y 14 s más de lo que debiera... se dieron cuenta de que al cabo de los siglos, el equinoccio de primavera se celebraba con 10 días de retraso. Durante siglos, millones de cristianos en todo el mundo realizaron sus celebraciones, todas, con días de error. Al 4 de octubre de 1582 le siguió el 15 de octubre de 1582; imagina el lío que se prepararía actualmente si se intentara arreglar el calendario gregoriano que tampoco es perfecto y al que se deben eliminar tres años bisiestos cada 4 siglos.

Proyecto "epSOS".

El proyecto epSOS[8] es un programa europeo que pretende desarrollar la infraestructura tecnológica que permita el acceso seguro a la información del paciente, en particular, a un resumen básico de la historia clínica y la receta electrónica, que permita además el intercambio de información entre sistemas de salud europeos. Se prevé que con este proyecto, se facilitará la movilidad del paciente europeo, se asegurará la información del paciente y se aumentará la eficiencia reduciendo el coste en los cuidados transfronterizos. Pensemos que si un ciudadano holandés, enferma en España, toda la información de su historia clínica estará, normalmente, en su país de residencia. Con el sistema epSOS, los médicos que lo atiendan en otro país, podrán acceder a su historia clínica básica en cuestión de segundos, con el consiguiente ahorro de posibles pruebas diagnósticas que pudieran haber sido realizadas ya en origen, el consiguiente ahorro de tiempo, aumentando la velocidad en la obtención de un diagnóstico.

En España únicamente participan en el proyecto el Ministerio de Sanidad y Consumo, el Servicio de Salud de Castilla-La Mancha, el Servicio Andaluz de Salud y la Fundació Privada TIC I Salut Cataluña. En el proyecto europeo participan 12 países y se prevén resultados importantes para 2011.

Sanitel

El SESCAM está a la vanguardia en el uso de nuevas tecnologías, la red de comunicaciones SANITEL es una infraestructura de red extendida por toda la Comunidad que permite el transporte de aplicaciones y servicios de datos, voz y multimedia. Dispone de más de 1000 líneas y 900 equipos de comunicaciones que darán conexión a 600 sedes entre Hospitales, Centros de Salud y Consultorios Locales, Gerencias de Atención Primaria, Oficinas Provinciales, Unidades Móviles de Emergencia y Centros de Especialidades.

Esta red está permitiendo el desarrollo del servicio de videoconferencia entre diferentes sedes del SESCAM, así como la posibilidad de compartir presentaciones y contenidos sin necesidad de recurrir al desplazamiento físico de las personas. Este servicio supone un paso importante para fomentar el intercambio de información y experiencias en el entorno sanitario tanto de forma interna como con otras organizaciones y servicios de salud.

Otro servicio que proporciona la red SANITEL es la telefonía basada en IP que permite a los profesionales disponer de un plan de numeración único, optimiza los costes al transportar las llamadas entre personal del SESCAM por la red SANITEL en vez de a través de operadores externos, así como un directorio telefónico integrado.

Por último, también se están desarrollando los servicios de comunicaciones inalámbricos (WiFi). De esta manera, los profesionales acceden a aplicaciones desde cualquier localización utilizando para ello equipos portátiles (PDAs, tablet PC, teléfonos inalámbricos) facilitando el acceso a cualquiera de los servicios anteriormente indicados.

Proyecto "CISOS".

CISOS o Centro de Innovación Sanitaria Open Source (código abierto) pretende potenciar la implantación de soluciones de código abierto analizando, asesorando y promoviendo el uso de tecnología de software libre en el ámbito de la salud.

---

[8] http://www.epsos.eu

Uno de los primeros hitos logrados por CISOS consiste en el desarrollo del motor de integración HIGEIA[9], que consiste en la evolución de un motor de integración de negocio BIE (*Bussiness Integration Engine*) y un integrador de aplicaciones EAI (*Enterprise Application Integrator*) multiplataforma desarrollado bajo el estándar J2EE[10], un servicio similar al utilizado en servidores Apache[11]. Al tratarse de software libre, está disponible para su descarga gratuita en la Web del SESCAM[12].

Registro de Voluntades Anticipadas – RDVA.

Decidir sobre las actuaciones sanitarias de que puede ser objeto una persona en el futuro supuesto de que, llegado el momento, no goce de la capacidad de decidir por sí misma, es un derecho. El Registro de Voluntades Anticipadas (RDVA) permitirá: dar constancia y custodia de estas declaraciones, facilitar, agilizar y asegurar el acceso a las mismas al personal sanitario responsable de la asistencia sanitaria de los declarantes y mantener la debida coordinación con el Registro Nacional de Instrucciones previas, a fin de asegurar la eficacia de las declaraciones en todo el territorio nacional.

El ciudadano tendrá acceso a su documento de voluntades anticipadas para modificarlo, sustituirlo o revocarlo en cualquier momento. Todo ello con las medidas de seguridad, confidencialidad y control de accesos adecuadas para salvaguardar datos de nivel alto, cumpliendo así con total garantía la Ley de Protección de Datos. Los datos estarán accesibles telemáticamente mediante un certificado digital (firma electrónica) de clase 2CA, emitido por la Fábrica de Moneda y Timbre[13].

Proyecto "Casus".

CASUS es el acrónimo de Centro de Atención y Soporte a Usuarios. La implantación de nuevas tecnologías siempre acarrea problemas que han de ser resueltos por especialistas. Por este motivo es necesario un centro para atender, informar y dar soporte a cualquier consulta, incidencia o petición relacionada con las herramientas software y hardware del puesto de trabajo de los usuarios, ofreciendo la solución o encaminándolo correctamente a ella, a fin de resolverla en el plazo más breve y de la forma más eficaz.

Contact Center.

El Contact Center del SESCAM, como se indicó anteriormente, pone a disposición de los ciudadanos un servicio integral, a través del cual poder obtener información, resolver dudas, realizar trámites y gestiones tanto en el ámbito sanitario como administrativo, todo ello a través de un teléfono gratuito. Este servicio se completa con la Web del SESCAM (http://sescam.jccm.es) cumpliendo así el propósito de ser el punto único de interacción y referencia para el ciudadano y el profesional.

---

[9] Higeia diosa de la Salud e hija de Esculapio.

[10] Este estándar permite la ejecución de aplicaciones (Web, JAVA o WAP) en un servidor remoto dando servicio a sistemas multiplataforma (Linux, Mac, Windows, Solaris, etc.).

[11] http://www.apache.org/

[12] http://sescam.jccm.es/web1/ciudadanos/avancesMedTecn/higieia/files/higeia-1.0.0R5.tar.gz

[13] http://www.cert.fnmt.es/

Los servicios que ofrece, por ahora, permiten tramitar sugerencias y reclamaciones, obtener información sobre: campañas, bolsas de trabajo, oposiciones, prestaciones sanitarias, teléfonos, direcciones, noticias o cuáles son las farmacias de guardia.

Proyecto "Visados".

La emisión de *visados* es el primer paso hacia la receta digital. El visado electrónico de recetas gestiona, aprovechando las ventajas que ofrece Internet, la autorización y dispensación de este tipo de medicamentos y productos farmacéuticos que requieren de un control sanitario especial, facilitando al paciente la continuación de los tratamientos en su farmacia y evitando desplazamientos a las áreas de inspección de los ciudadanos que los precisan.

Figura 8.2. Portal de formación del SESCAM.

Proyecto "SOFOS".

SOFOS (Sistema de Organización de la Formación en el SESCAM) es la aplicación de e-learning implantada por el SESCAM que facilita el acceso a todas las acciones formativas ofertadas por todas las Gerencias de Atención Primaria, Especializada y Servicios Centrales.

El SESCAM también dispone de un portal de formación (Fig. 8.2) accesible a través de https://sescam.jccm.es/eformacion/ basado en la plataforma de software propietario LMS-QStutor de la empresa Satec[14]. Véase el objetivo 4.

---

[14] http://www.qsmedia.com/

Objetivo 4

E-learning.

¿Qué es el E-learning?

Al igual que podemos entender el término e-Salud como salud digital o e-mail como correo electrónico, el término e-learning significa Aprendizaje Electrónico o podríamos utilizar el término Teleaprendizaje o Tele-enseñanza, o lo que es lo mismo, el uso de las Tecnologías de la Información y la Comunicación (TIC) en el proceso enseñanza/aprendizaje.

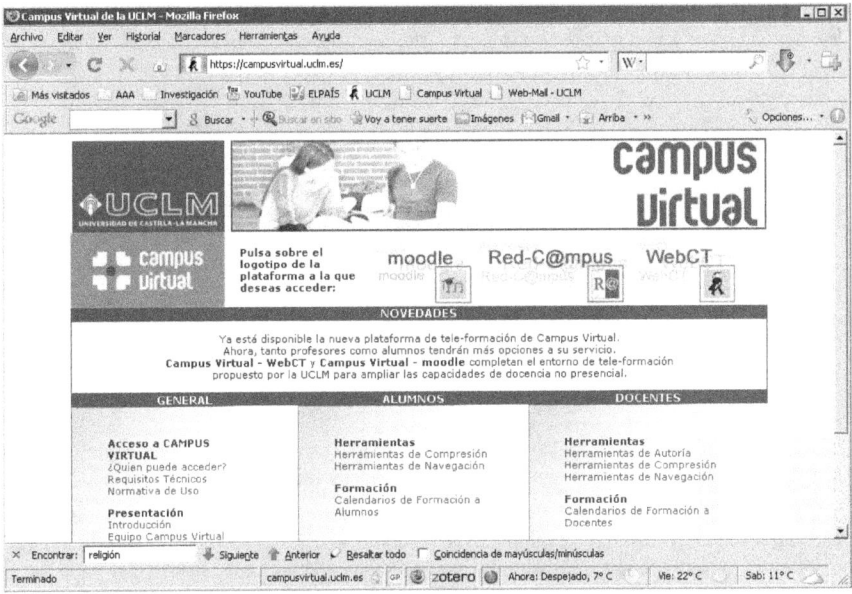

Figura 8.3. Página de acceso de Campus Virtual de la UCLM.

El término e-learning incluirá aprendizaje a distancia a través de las posibilidades que ofrece Internet, pero también, el uso de cualquier tecnología aplicada a la enseñanza. Por tanto el uso de ordenadores, pizarras electrónicas, uso de software específico, también serán parte del e-learning, como también lo será la pedagogía asociada al uso de nuevas tecnologías generalmente sin la presencia física de un profesor.

Así que una definición más completa de e-learning[15] será "la enseñanza a distancia caracterizada por una separación física entre profesorado y alumnado (sin excluir encuentros físicos puntuales), entre los que predomina una comunicación de doble vía asíncrona donde

---

[15] http://es.wikipedia.org/wiki/E-learning

se usa preferentemente Internet como medio de comunicación y de distribución del conocimiento, de tal manera que el alumno es el centro de una formación independiente y flexible, al tener que gestionar su propio aprendizaje, generalmente con ayuda de tutores externos".

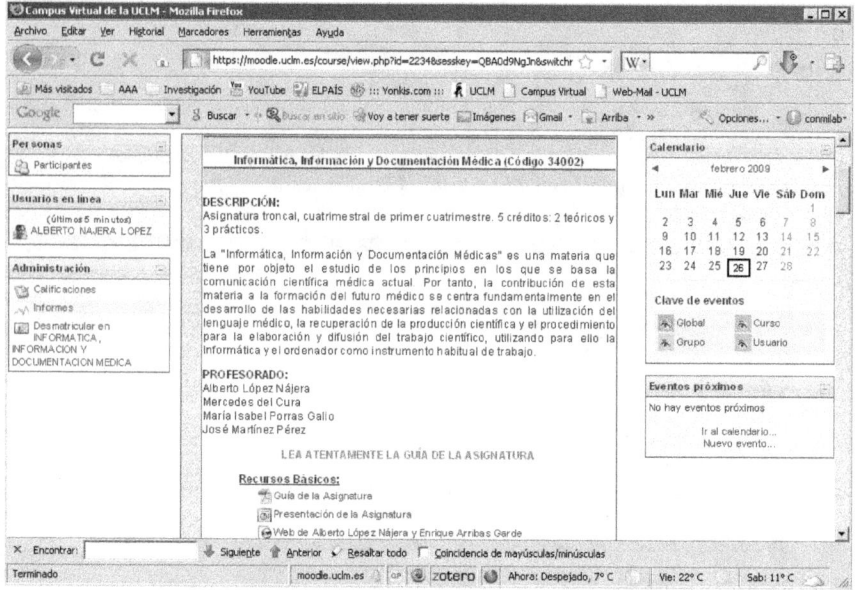

Figura 8.4. Vista parcial de un curso en Moodle.

La Universidad de Castilla – La Mancha cuenta con un sistema denominado Campus Virtual que engloba tres herramientas: WebCT, Moodle y RedCampus.

WebCT y Moodle son plataformas de e-learning que proporcionan acceso a contenidos, chats, foros, etc. englobados en cursos y bajo la supervisión y edición del profesorado. La diferencia fundamental entre ambas plataformas, aparte del interfaz y características puntuales, es que el primero es software propietario y el segundo es libre y gratuito. La UCLM eliminará el servicio WebCT próximamente y dejará exclusivamente la plataforma Moodle.

Por otro lado RedCampus permite el acceso al expediente, información de matrícula y de gestión a alumnos y profesores.

Existen otras plataformas de e-learning como Edustance[16] o .LRN[17] (se lee en inglés *dot learn*), Blackboard[18] y eCollege[19], todas de código abierto y libres.

---

[16] http://www.edustance.com/

[17] http://dotlrn.org/

[18] http://www.blackboard.com/

[19] http://www.ecollege.com/

Como se ha indicado en el objetivo anterior, el SESCAM dispone de un portal de formación (SOFOS) basado en la plataforma LMS de Satec (Fig. 8.2) a través de la cual todo el personal sanitario puede gestionar sus cursos, matrículas, acceder a la información y organizar su tiempo para su propia formación. Sorprende que este portal se base en software propietario, cuando muchos de los proyectos en nuevas tecnologías del SESCAM se basan en software libre, más aún cuando existen numerosas plataformas libres disponibles.

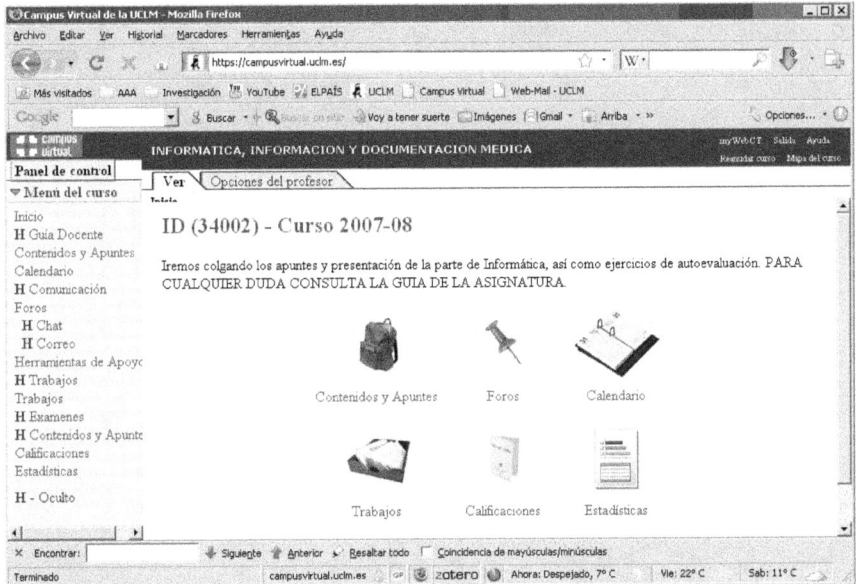

Figura 8.5. Vista parcial de un curso en WebCT.

Las ventajas del uso de plataformas de e-learning son innumerables. El alumno puede gestionar su propio tiempo, acceder a contenidos, preguntas, realizar exámenes o enviar trabajos on-line desde cualquier lugar del mundo a través de Internet en cualquier momento. El profesor puede, entre otras cosas, gestionar el curso, proponer trabajos, corregirlos, controlar los envíos y la actividad del alumnado. No obstante el uso de estas plataformas exige al profesorado, aunque la interfaz suele ser sumamente sencilla, aprender el manejo de nuevas tecnologías y la transformación a formato digital de sus contenidos, pero supone una herramienta de contacto y comunicación con el alumno muy flexible.

Es sorprendente comprobar que todavía haya profesores en la Universidad que no utilicen, o incluso se nieguen a utilizar, herramientas de e-learning del tipo de Moodle o WebCT… aunque más sorprendentes son los argumentos que esgrimen para no usarlos desde su completo desconocimiento y falta de interés, que no merecen más comentario.

MÓDULO 9: Redes sociales. Facebook y Twitter

Objetivos del módulo

1. Manejo básico, seguridad y privacidad en Facebook.
2. Manejo básico de Twitter.

Bibliografía específica y complementaria

Aunque estas notas son suficientes para alcanzar los objetivos propuestos, se recomienda al lector que aclare sus dudas y amplíe sus conocimientos mediante:

1. Aced, C. *Redes Sociales en una semana.* Editorial Gestión 2000. 2010. ISBN: 849875058X

Objetivo 1

Manejo básico, seguridad y privacidad en Facebook.

Introducción

Facebook es una red social creada por Mark Zuckerberg en 2004 para universitarios y durante sus inicios solo estuvo disponible para estudiantes de la Universidad de Harvard. Forma parte de las herramientas que hoy dan forma a lo que se conoce como la Web 2.0. Junto a otras como los blogs, YouTube, Twitter, Flickr, Wikipedia, etc. ofrece la posibilidad de que un usuario, sin conocimientos avanzados de informática, genere contenidos e intercambie información de forma extremadamente sencilla.

Con este apartado solo pretendemos proporcionar los conocimientos básicos y las recetas mínimas para manejarse en Facebook y Twitter con seguridad y controlando, en la medida de lo posible, la privacidad de nuestra información.

Los objetivos que pretende cubrir este apartado son los siguientes:

1. Cómo crear un perfil en Facebook.

2 Manejo básico: información personal, muro, amigos, mensajes.

3. Configuración de la información y de la privacidad.

4. Participación en grupos.

5. Álbumes de fotos y vídeos.

6. Introducción a Twitter (Objetivo 2).

¿Qué es y para qué sirve Facebook? ¿Por qué es gratis?

Facebook es una red social. Probablemente te hayas quedado igual. Una red social es una comunidad de usuarios, de personas, que están interconectadas por diferentes tipos de relaciones: amistad, parentesco, intereses comunes, etc. y que comparten información. Facebook ofrece una interfaz más o menos amigable y más o menos sencilla para facilitar ese intercambio en forma de texto, fotos, vídeos, enlaces, etc.

Decidir si Facebook es útil o no, es algo personal. Si atendemos a que actualmente cuenta con más de 900 millones de usuarios[1] en todo el mundo (a 31 de marzo de 2012), lo más que podemos decir es que "algo tendrá". Lo que está claro es que si no se quiere compartir información ni interactuar con otras personas, entonces no es útil. Recientemente, en un curso a compañeros, una técnico de laboratorio me dijo que para qué servía todo esto si ella no tenía nada que contar. Pues eso.

Lo primero que tendremos que decidir es qué información queremos compartir y con quién la queremos compartir, además teniendo en cuenta que en el momento que subimos información a la red, será difícil controlar al 100% quién accede a esa información o qué hace con ella. Así, si uno no quiere ver violada su privacidad, lo mejor es no participar en Facebook, no tener amigos en Facebook y no compartir información personal, pero siempre

---

[1] http://newsroom.fb.com/

podrá cotillear la información de los demás (o de aquellos que nos dejen acceder a su información). En el momento que comentes algo en Facebook, indiques que una determinada información te gusta, o incluso hagas alguna búsqueda, Facebook irá recopilando datos que utilizará para ofrecernos publicidad.

Es el mismo modelo de negocio que utiliza Google: ofrecer herramientas gratuitas a cambio de información sobre nuestros hábitos y gustos para ofrecer publicidad en sus páginas y aplicaciones. Si tienes una tarjeta de cliente de un supermercado o de una tienda con la que consigues descuentos de vez en cuando, el modelo de negocio es el mismo. Si compras con tarjeta de crédito o utilizas el móvil para navegar, estas compartiendo información... probablemente sin saberlo, y probablemente estás dando más información personal sin control que la que podrás compartir en una red social.

Crear un perfil en Facebook

Como hemos indicado, Facebook sirve para compartir información y para empezar necesitarás una cuenta de usuario o perfil. Pero no es necesario tener un perfil en Facebook para ver cierta información de aquellos usuarios que no tienen activado ningún filtro de privacidad. Es el usuario quien decide qué información deja ver y a quién. Podemos impedir que nuestra información sea accesible a nadie que no hayamos aceptado como amigo, y aun así, deberemos tener la cuenta configurada con diferentes grados de amistades, por lo que si no estás en un grado alto, no verás prácticamente nada. Haz la prueba, sin entrar en Facebook o sin disponer de cuenta, accede a la página del perfil de Alberto Nájera: https://www.facebook.com/najera2000 solo verás una foto y el avatar.

Para darse de alta en Facebook, solo es necesario disponer de una cuenta de correo electrónico y rellenar el formulario que encontrarás en la página inicial (Fig. 9.1) en www.facebook.com donde se pide el nombre y los apellidos, el sexo y la fecha de nacimiento por motivos, según ellos, de seguridad sobre contenidos y edad. Esta información se podrá ocultar después y nadie tiene por qué acceder a ella más que tú (y Facebook para ofrecerte publicidad, recuerda).

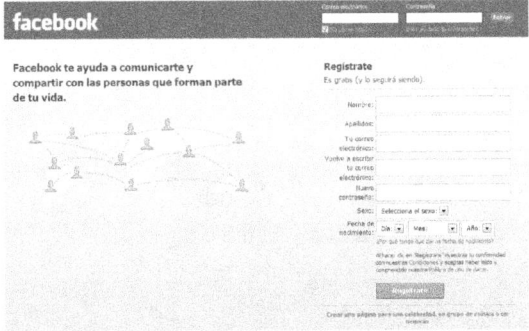

Fig. 9.1. Página inicial de Facebook.

Una vez hayamos pulsado el botón "Regístrate", Facebook ofrece un asistente para localizar amigos (Fig. 9.2). Si queremos intercambiar información, lo primero que necesitamos es gente con quien compartirla, estos serán nuestros "amigos". En el Paso 1 nos permite acceder a cuentas de Gmail, Hotmail o Messenger para que, utilizando sus listados de contactos, Facebook busque coincidencias en sus bases de datos para ofrecernos amistades que ya dispongan de cuenta en la Red Social. Podemos omitir este paso y recuperarlo, si queremos, más adelante.

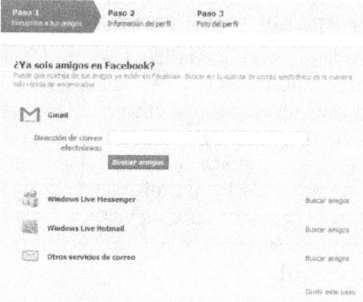

Fig. 9.2. Página de inicio de asistente inicial de Facebook. Paso 1.

En el Paso 2 (Fig. 9.3) se nos pregunta por una información básica de nuestro perfil que Facebook utilizará para sugerirnos amigos, pero recuerda que siempre para irnos conociendo y ofrecernos publicidad, *quid pro quo*[2]... Una vez más, podemos omitir este paso y rellenar esta información más adelante.

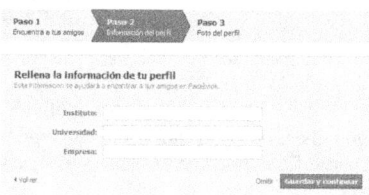

Fig. 9.3. Paso 2 del asistente de Facebook.

El último paso, el Paso 3 (Fig. 9.4), permite subir a Facebook una foto de perfil. Este paso, como los anteriores, podemos omitirlo, pero os recomendamos que agreguéis una foto (no tiene por qué ser de vosotros) pues facilitará que la gente os reconozca.

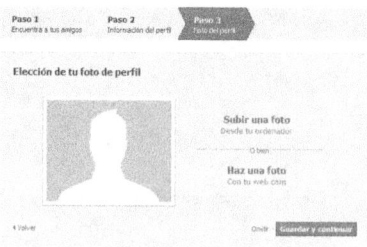

Fig. 9.4. Paso 3 del asistente de Facebook.

---

[2] Algo por algo.

Una vez agregada una imagen de perfil, el proceso de alta en Facebook no finalizará hasta que confirmemos a través de un mensaje de correo electrónico que nos habrá llegado a la cuenta que hemos utilizado para registrarnos.

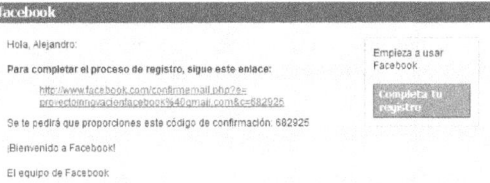

Fig. 9.5. Correo de confirmación de alta en Facebook.

Una vez confirmado el alta, accederemos a la página de inicio de nuestro Facebook aunque irá evolucionando a medida que vayamos utilizándolo, ofreciéndonos diferentes opciones y preguntas (Fig. 9.6). Para empezar, Facebook nos pregunta sobre cómo debe comportarse con las etiquetas en las fotos. Cuando un usuario sube una foto a Facebook, éste reconoce las caras y si detecta a alguien que se te parece, puede etiquetarte de forma sencilla. Por defecto está configurado para que cualquiera que sea tu amigo, pueda beneficiarse de este servicio, pero puedes boquearlo. Hay que estar atento pues con estas cuestiones vamos configurando la privacidad, a veces, sin darnos cuenta.

Fig. 9.6. Página de inicio de perfil en Facebook.

Esta página de inicio (Fig. 9.6) ya muestra los elementos básicos de manejo de Facebook que explico en el siguiente apartado, pero comprobaremos, como ya hemos dicho, que esta página irá cambiando y evolucionando, nos ofrecerá diferentes opciones cada vez que entremos, al menos al principio. Así, unas veces nos preguntará por amigos, otras nos sugerirá amigos o nos preguntará por cuestiones de privacidad, etc. Es importante leer lo que se nos presenta y decidir qué hacer en cada caso... El problema es que generalmente al principio no sabremos qué nos está ofreciendo, pero en cualquier caso, en la sección de privacidad podremos modificar en cualquier momento todas y cada una de las opciones disponibles.

Si no queremos preocuparnos por qué información es accesible y por quién es accesible, una opción es no aceptar sugerencias ni peticiones de amistad ni subir a nuestro perfil información alguna, ni fotos, ni comentar, ni nada de nada. No obstante, podremos apuntarnos y participar en un grupo de usuarios sin que nadie acceda a nuestra información, que sería inexistente. Si optas por esta opción, no necesitas saber mucho más sobre privacidad.

Hay gente que tiene una cuenta personal en Facebook donde pone información accesible a sus amigos y luego crea una cuenta prácticamente vacía, para interactuar con sus alumnos por ejemplo. Es una opción que seguro que a más de uno le interesa. Aunque en este capítulo se muestra cómo gestionar la privacidad para poder usar el mismo perfil para todo pero restringiendo el acceso a la información que vayamos colgando... así lo tenemos nosotros.

Manejo básico: información personal, muro, amigos, mensajes

En este apartado indicaremos las instrucciones básicas de manejo de Facebook para gestionar nuestra cuenta con seguridad, aprender a gestionar nuestras publicaciones y a nuestros amigos.

Fig. 9.7. Estructura de la página inicial de Facebook.

En la Fig. 9.7 se muestra la página de inicio sin las sugerencias de amistad ni de configuración que irán apareciendo de vez en cuando. Ahora, nuestra página de inicio está vacía pero la parte central resaltada en azul se irá llenando con información de nuestros amigos... eso si queremos tener amigos. Mediante el enlace "Editar Opciones" podremos ocultar las publicaciones de aquellas personas que no queramos mostrar y mediante el enlace "Ordenar" podremos elegir cómo queremos que Facebook muestre esta información: ordenada de forma temporal o lo que Facebook denomina "Titulares".

En la parte superior izquierda se encuentra la zona de notificaciones que contiene tres secciones, de izquierda a derecha: peticiones de amistad, mensajes y notificaciones.

Cada vez que alguien solicite ser nuestro amigo, aparecerá un mensaje en esta primera sección. Lo mismo ocurrirá cuando alguien nos envíe un mensaje privado (mensajes entre usuarios de Facebook). Por último, cada vez que alguien nos cite, comente algún elemento (foto, comentario, entrada, evento) en el cual hayamos participado nosotros, esta última sección nos ofrecerá las notificaciones pertinentes. A través de estas notificaciones Facebook nos irá informando de la actividad de aquellos grupos y usuarios que nos interesen, además podremos gestionar amigos y contestar a mensajes de forma sencilla y rápida.

También en la parte superior pero a la derecha (Fig. 9.7) encontraremos más elementos importantes. El primero es nuestra imagen o avatar y nuestro nombre que nos permite acceder a nuestra página de perfil con nuestra información, nuestro "muro", nuestra actividad, nuestras imágenes, etc. Al principio, también nos aparecerá un enlace para poder buscar amigos (enlace que desaparecerá con el tiempo) y por último un enlace a la página de inicio (la misma en la que nos encontramos) y que contendrá las "Últimas noticias" o actividad de nuestros amigos.

Por último, en la parte superior derecha (Fig. 9.7), hay una pequeña flechita a través de la cual podremos acceder a las siguientes opciones (Fig. 9.8): Configuración de la cuenta y Configuración de la privacidad que son sumamente importantes y que veremos más adelante. También permite cerrar la sesión, opción muy importante si usamos un ordenador público y compartido para evitar que otros accedan a nuestra cuenta.

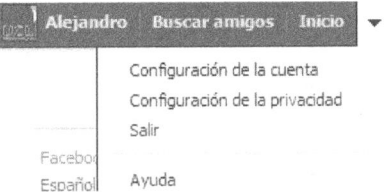

Fig. 9.8. Opciones de configuración de Facebook.

También en la parte central a la cual me referí anteriormente, encontraremos un recuadro con el texto "¿Qué estás pensando?" (Fig. 9.9). Es la vía a través de la cual podremos comenzar a compartir información, pues permite introducir lo que Facebook llama nuestro "estado" mediante un comentario que podremos enriquecer con una imagen, un vídeo, la URL de otro sitio de Internet o una encuesta mediante los enlaces que hay justo encima (Estado, Foto/Vídeo y Pregunta).

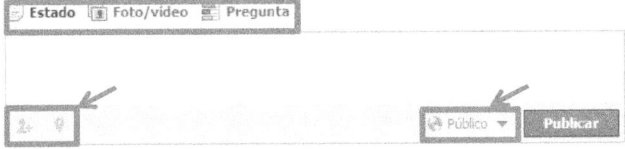

Fig. 9.9. Actualización de nuestro estado y opciones.

En la parte inferior izquierda tenemos un botón que nos permite citar en nuestro texto a nuestros amigos (así ellos recibirán una notificación y podrán acceder rápidamente a nuestro comentario); también podemos agregar una ubicación (botón justo a la derecha del anterior). En la parte derecha hay un recuadro que dice "Público". Este recuadro es sumamente importante pues nos permite decidir quién ve lo que compartes. Por defecto, como veremos más adelante, Facebook está configurado de manera que todo lo que publicamos es público, esto es, lo puede ver cualquiera. Mediante ese enlace podemos cambiar esa configuración para esta publicación en particular. En la sección de privacidad explicaremos cómo hay que configurar esto por defecto para todas nuestras publicaciones.

Si hacemos clic sobre ese enlace (Botón Público), encontraremos más opciones para la visibilidad de esta publicación (Fig. 9.10). Podremos indicar que esta información solo sea visible a mis amigos, solo a mi, a mis "Mejores amigos" o a la "Familia" o a otras listas predefinidas por Facebook o a través de "Personalizado" podremos elegir otras listas que luego crearemos, o limitar el acceso a ciertas personas. Como veremos más adelante, podremos crear grupos y clasificar nuestros amigos con el fin de definir diferentes niveles de accesibilidad a nuestra información.

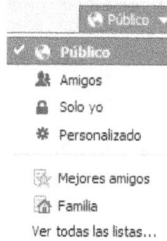

Fig. 9.10. Actualización de nuestro estado y opciones.

Las diferentes opciones de publicación de "foto/vídeo o pregunta" permiten elegir una foto de mi disco duro, tomarla con mi webcam, crear un álbum con un conjunto de fotos, etc. Siempre encontraremos el botón para elegir quién tiene acceso a esta información al lado del botón de "Publicar" y antes de enviar cualquier información, conviene revisar cómo está la configuración de privacidad de ese elemento.

Una vez hayamos realizado nuestra primera publicación, ésta será visible por quien nosotros hayamos indicado, dependiendo de las opciones de privacidad que hayamos elegido y que podremos modificar en cualquier momento. En el ejemplo de la Fig. 9.11 solo por mis amigos.

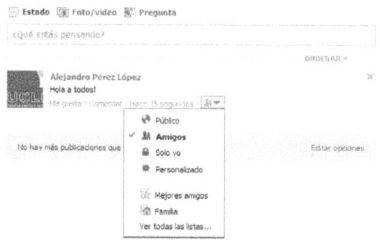

Fig. 9.11. Visualización de nuestra primera publicación y las opciones de privacidad.

Todas las publicaciones que hagamos de esta manera, aparecerán en nuestro "muro" o "biografía" que forma parte de nuestra información, a la cual podemos acceder a través de nuestro nombre en la parte superior derecha en cualquier momento (Fig. 9.12). Hasta ahora hablamos de muro pues con el tiempo, Facebook nos ofrecerá el cambio a "Biografía". Son dos formas de mostrar nuestras publicaciones a nuestros amigos. Cuando vayas navegando por tus amigos verás que algunos tienen una vista parecida a la tuya y otros por el contrario, más diferente. Cada cambio que Facebook hace de su interfaz suele ir seguido de un rotundo rechazo por parte de sus usuarios... pero al final no te queda más remedio que irte acostumbrando.

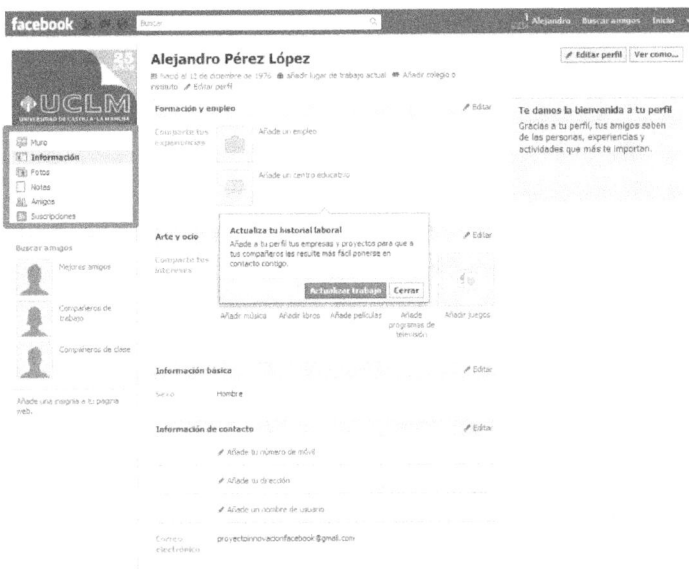

Fig. 9. 12. Visualización de nuestra información persona.

Si pulsamos sobre nuestro nombre (parte superior derecha) accederemos a la página de nuestro perfil, a nuestra información personal. Esta página, al igual que la de inicio, cambiará a medida que añadamos información y se transformará en nuestra "Biografía" con más opciones. Ahora está vacía porque no hay nada de información, y podríamos dejarla así. Podremos editar, añadir y modificar nuestra información en cualquier momento mediante los enlaces "Editar" que se muestran a la derecha de cada sección. Hay infinidad de opciones para agregar información personal. Si no quieres que nadie acceda a tu información, no rellenes nada... No obstante siempre puedes, también a través del enlace "editar" de cada apartado, definir claramente quién quieres que vea cada uno de los elementos. Puedes elegir que tu número de teléfono solo lo vean tus amigos o solo tus familiares. Más adelante mostraremos cómo se hacen grupos, así podrías mostrar tu número de teléfono de tu trabajo solo a tus compañeros de trabajo o contactos profesionales, etc. Todo es personalizable y configurable, pero hay que echarle un ratito. Facebook tiene infinitas posibilidades de configuración de la privacidad, es importante ir configurando cada cosa si no quieres que ningún amigo vea según qué cosas... Es una cuestión personal sobre la importancia que le demos a la información.

En la parte izquierda de la Fig. 9.12, recuadro rojo, podremos acceder a los grandes apartados de Facebook, después de la página inicial que ya hemos visto, estos son: el muro, mi información, mis fotos, mis notas, mis amigos y mis suscripciones.

Mi muro contendrá nuestras publicaciones y también, dependiendo de la configuración y los permisos que configuremos en la privacidad, la información que otra gente publique o intercambie (fotos, vídeos, enlaces, etc.) con nosotros.

Continuemos... Desde una cuenta personal, hemos solicitado que nuestro usuario de prueba "Alejandro Pérez López" sea mi amigo. La siguiente vez que accedo a Facebook, me muestra la solicitud y de golpe y porrazo, me sugiere cientos de personas (Fig. 9.13). Facebook me sugiere que sea amigo de los amigos de la otra persona... es una red social de relaciones, por tanto Facebook prueba si los amigos de mis amigos, son mis amigos.

Fig. 9.13. Pagina de inicio con sugerencias de amigos.

Podré confirmar la solicitud de amistad, dejarla para otro momento o ignorarla indefinidamente. Nuestro potencial amigo solo será informado si la acepto. En la Fig. 9.13 se muestra la pantalla de inicio con la solicitud y si te fijas, en la parte de notificaciones superior izquierda hay un "1" en rojo. Es sorprendente la cantidad de gente que empezará a ofrecerte Facebook como amigo... y verás que a muchos les conoces... y a veces es difícil, sobre todo al principio, no añadir como amigo a diestro y siniestro. Hay que actuar con cabeza, aunque en cualquier momento podremos eliminarlos de nuestra lista y ellos no serán informados, salvo que accedan a tu perfil y vean que ya no sois amigos...

Si empiezas a solicitar amistades, el resto de usuarios deberán aceptar estas solicitudes. A medida que nuestro grupo de amistades vaya creciendo, las sugerencias se irán haciendo más y más finas... hasta el punto de dar miedo. Pero son algoritmos muy sencillos basados en ubicación geográfica, gustos, amigos de amigos, etc. No hay que agobiarse por esto. Es una red social.

Lo más importante del proceso de añadir amigos es que puedo agregar a mi nueva amistad a una lista o un grupo, de manera que luego será más fácil gestionar a qué información accederá este nuevo amigo (Fig. 9.14).

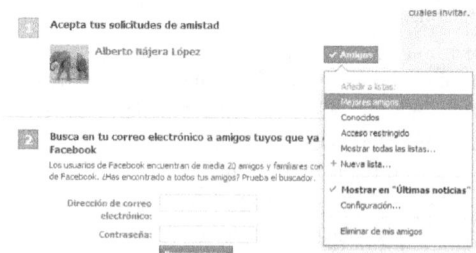

Fig. 9.14. Pagina de inicio con sugerencias de amigos.

Es sumamente importante no agregar amigos sin control, merece la pena decidir a qué información accederá cada nuevo contacto, mediante la creación de listas de amigos que veremos a través de "Mostrar todas las listas..." y "+ Nueva lista..." (Fig. 9.14). Después, en la configuración de permisos, bien en cada publicación o bien en la configuración de la privacidad que veremos en el siguiente apartado, podremos otorgar a este grupo diferentes privilegios para que publique en nuestro muro, vea nuestro muro, vea ciertas publicaciones, etc. Ese grupo solo verá lo que nosotros queramos. Facebook ofrece por defecto unos cuantos grupos como "Familia" o "Mejores Amigos", pero también uno denominado "Acceso Restringido". Este grupo es muy útil pues los contactos que agreguemos a esa lista no tendrán acceso a ninguna información. Puedes preguntarte que para qué puede servir tener una lista de amigos con los cuales no intercambias ninguna información. La respuesta es sencilla. Podrás verte obligado a agregar a ciertas personas que te solicitan amistad, por la razón que sea, o incluso agregar a una asociación a una cuenta de alguna empresa que puede utilizar mucha gente sin un control claro. Por ese motivo podrías necesitar tenerlo entre tus contactos pero que no puedan acceder a ninguna información. En definitiva, si estás en ese grupo no tienes ningún privilegio ni acceso a la información. Ni siquiera podrán ver las publicaciones que hagas abiertas a todos tus amigos.

Por tanto, debemos decidir a qué lista de amigos agregamos a cada nuevo contacto y también qué queremos ver en nuestra ventana de inicio de la información que él publique (hay usuarios muy pesados, entre los que nos incluimos los autores de este libro y podemos ser muy muy pesados). En la parte superior derecha de cada publicación, al pasar el ratón por esa zona, encontraremos una pequeña flechita a través de la cual podremos acceder a las opciones necesarias para ocultar esa publicación o incluso, de golpe, todas las publicaciones de ese amigo.

Os recomendamos tener una lista de familiares, otra de amigos íntimos, otra de compañeros de trabajo, otra de conocidos y otra, como hemos dicho, de "Acceso Restringido". Un mismo contacto puede estar en diferentes listas... Más adelante veremos cómo configurar la privacidad y decidir qué información ve cada grupo. Por ahora, añadiremos a nuestro nuevo amigo a la lista de "Familiares" que es una lista inteligente, por lo que mi nuevo contacto también será preguntado por si quiere ponerme en su lista de familiares. Si no quiero que esto suceda, puedo crearme mi propia lista de "Familia" en el enlace a "+ Nueva lista..." y gestionarlo de forma manual. Toda esta información es modificable a través del listado de "Amigos".

Una vez tenemos nuestro primer amigo, podremos acceder a su muro o biografía, ver su información (o la que nos deje ver), sus fotos (o las que nos deje ver), sus amigos, etc. y comenzar a interactuar con él; lo más fácil es escribir en su muro o enviarle un mensaje privado. Cualquier actividad que hagamos (un "Me gusta" a una página o publicación de alguien, un grupo, un amigo, etc.) facilita información a Facebook sobre nuestra vida y Facebook irá adaptándose a nosotros mismos. ¿Da miedo? ¿Tienes la típica tarjeta de descuentos de tu supermercado o comercio? Pues si no te da miedo eso, no debería darte más miedo esta red social... Nuestra sociedad se basa en la información y el intercambio de esta información, sobre todo con fines comerciales. Toda la información es susceptible de ser almacenada y cruzada con otra información para reconocerte como potencial cliente: en Internet y cuando vas por la calle...

Como se ha indicado, podemos dejar mensajes en el muro de un amigo (público o que dependerá de la configuración de la privacidad que tenga establecida nuestro amigo) o bien podremos enviarle un mensaje privado. Para ello, en su página de perfil encontrarás un enlace "Mensaje" a través del cual le podrás enviar un mensaje que solo verá él/ella.

Otra manera de acceder a nuestros grupos de amigos y gestionarlos es a través de nuestra página "inicio", en la parte de la izquierda, encontraremos el enlace a nuestros "Amigos" y un enlace a "Más"… Ahí encontraremos los grupos existentes, editarlos, crear nuevos grupos, etc. Podremos eliminar una lista (a través del enlace en forma de lápiz a la izquierda de cada lista) o administrar una lista accediendo a su información haciendo el clic sobre su nombre. Después, en la parte superior derecha, encontraremos un enlace a "Administrar lista" con diferentes opciones para agregar amigos o gestionarlos. Este párrafo es fundamental para entender cómo crear grupos y gestionarlos, intenta encontrar todos los elementos que se indican en el mismo.

Un primer resumen…

En definitiva, podemos darnos de alta proporcionando la información mínima. Podemos agregar amigos o no. Si agregamos amigos podemos decidir a qué lista de contactos agregarlos y decidir qué publicaciones serán públicas o solo accesibles a un grupo de amigos.

También hemos visto que podemos definir qué queremos que muestre Facebook en nuestra página inicial sobre lo que él publica y a quién.

Todo es configurable y personalizable, tal vez demasiado… pero siempre podemos recurrir a la opción más sencilla: no aceptar peticiones de amistad ni publicar ninguna información. Podremos utilizar los grupos, ver los perfiles de otra gente (de quien lo tenga público) y participar en grupos sin necesidad de preocuparnos, pero limitando el potencial de la red social.

Configuración de la información y de la privacidad

A través del enlace de "Configuración de la cuenta" que encontraremos en la flechita de la parte superior derecha de nuestra ventana (Fig. 9.8), podremos acceder a una pantalla a través de la cual podremos configurar e insertar nuestra información personal (Fig. 9.15), también pulsando sobre nuestro nombre (en la parte superior derecha).

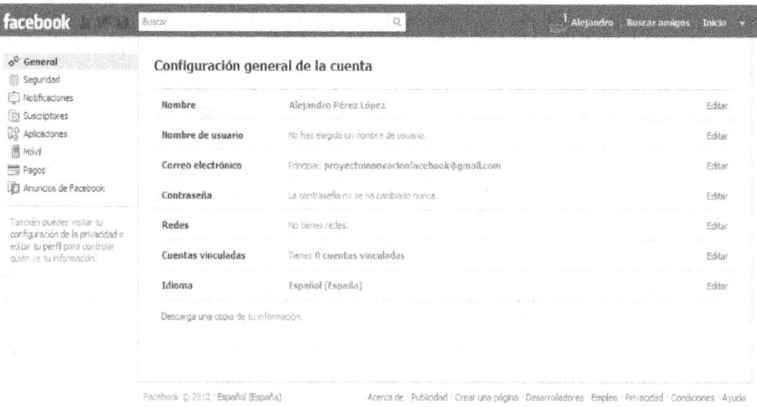

Fig. 9.15. Opciones de configuración de la cuenta.

En esta página, podremos modificar el correo electrónico, el nombre de usuario, contraseña, etc. Pero estas son solo las opciones de la pestaña "General" que encontraremos en la parte izquierda de la pantalla.

Es importante dedicarle unos minutos con calma a cada una de las pestañas y opciones que ofrece. Aquí configuraremos cómo queremos que se comporte Facebook, si queremos notificaciones por correo electrónico (puede llegar a ser insoportable, pero puede ser útil pues te irá avisando de las notificaciones por correo), etc.

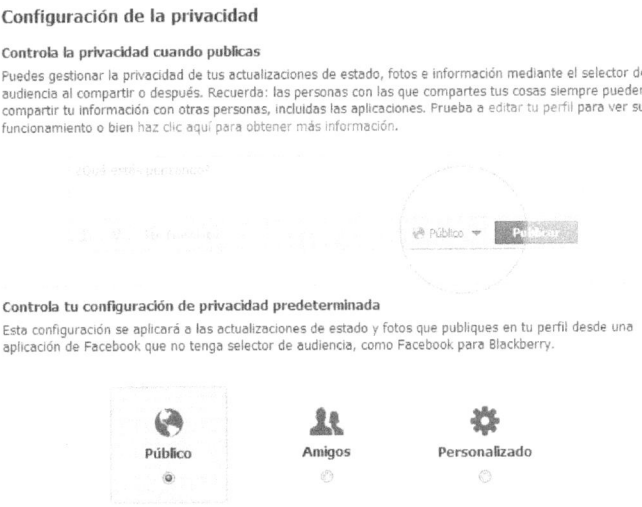

Fig. 9.16. Opciones de configuración de privacidad.

La segunda opción que veíamos en la Fig. 9.8, es la de "Configuración de la privacidad" a través de la cual accederemos a todas las opciones que nos permitirán restringir la información que vayamos compartiendo (Fig. 9.16). Es importante dedicarte el tiempo que haga falta y revisarlo de vez en cuando, a medida que vayamos entendiendo qué hace Facebook.

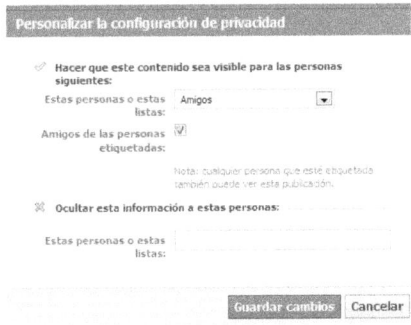

Fig. 9.17. Opciones de configuración de privacidad personalizada.

Tenemos tres opciones fundamentales: Público, Amigos y Personalizado. Por defecto, Facebook configura nuestra privacidad como "Público". De esta manera, cualquiera podrá acceder a la información que compartamos, aun no siendo tu amigo/a. Podrás elegir que la información sea solo accesible solo por aquella gente que tu admitas como amigo/a, opción "Amigos".

Si no tienes amigos, y marcas esta opción, lógicamente nadie verá nada, porque no habrá nadie que pueda ver. No obstante, a medida que nuestros amigos vayan creciendo y debamos seleccionar qué información ve cada amigo, tendremos que dedicarle un rato a la configuración "Personalizada" pues será ahí donde podamos elegir entre las infinitas posibilidades con listas o grupos de amigos para cada elemento de información.

Si elegimos la opción "Personalizada", Facebook nos preguntará por cómo queremos que se comporte a la hora de compartir información que publiquemos en nuestro perfil (Fig. 9.17). Podremos elegir solo a amigos, o también a amigos de mis amigos… también si yo etiqueto a alguien en una foto, esa etiqueta podrá ser visible a los amigos de ese amigo o no. También podremos ocultar información a amigos determinados o elegir listas de amigos determinadas. Es aquí, donde podremos indicar que la información esté accesible solo a una determinada lista de amigos… o incluso a varias listas.

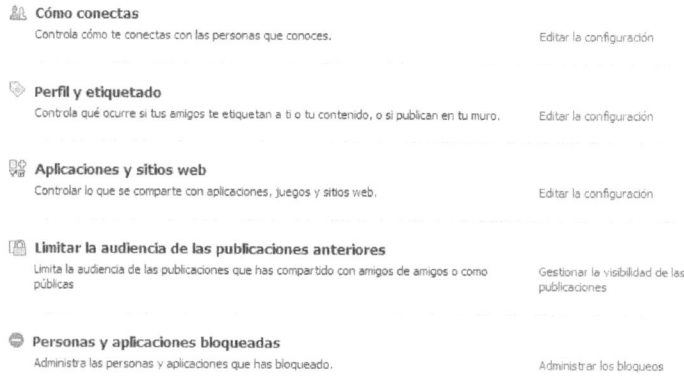

Fig. 9.17. Más opciones de configuración de privacidad personalizada.

En la parte inferior de la pantalla de configuración de la privacidad, podemos elegir entre múltiples posibilidades (Fig. 9.18). Los analizaremos con detalle, pues lo más importante si queremos controlar perfectamente la accesibilidad a la información que publicamos.

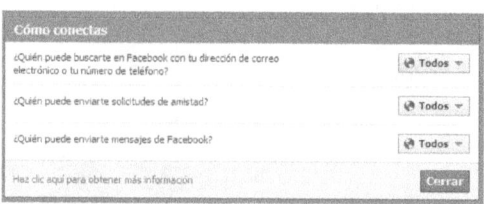

Fig. 9.19. Configuración de "Cómo te conectas".

La primera sección es "Cómo te conectas" y mediante el enlace de "Editar configuración" podremos definir exactamente quién puede buscarte en Facebook (Fig. 9.19), quién puede solicitar ser tu amigo o quién puede enviarte mensajes privados. Si no quieres que nadie te encuentre, elige la opción "amigos" y solo quien tú agregues podrá ser tu amigo.

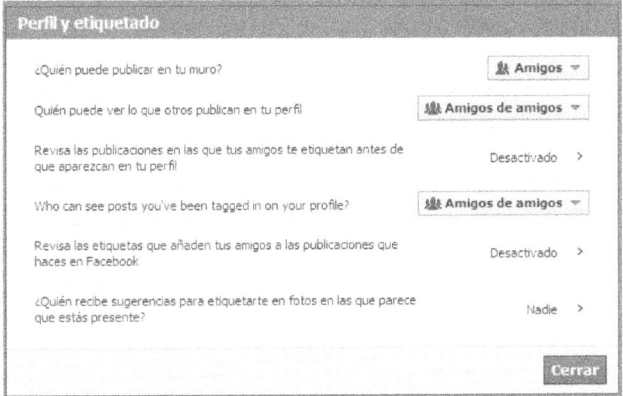

Fig. 9.20. Configuración de "Cómo te conectas".

La siguiente sección es "Perfil y etiquetado" permite determinar quién puede publicar en tu muro, determinar quién ve lo que otros publican en tu muro, pedir una confirmación cuando alguien intente etiquetarte en una publicación, o las sugerencias de etiquetado.

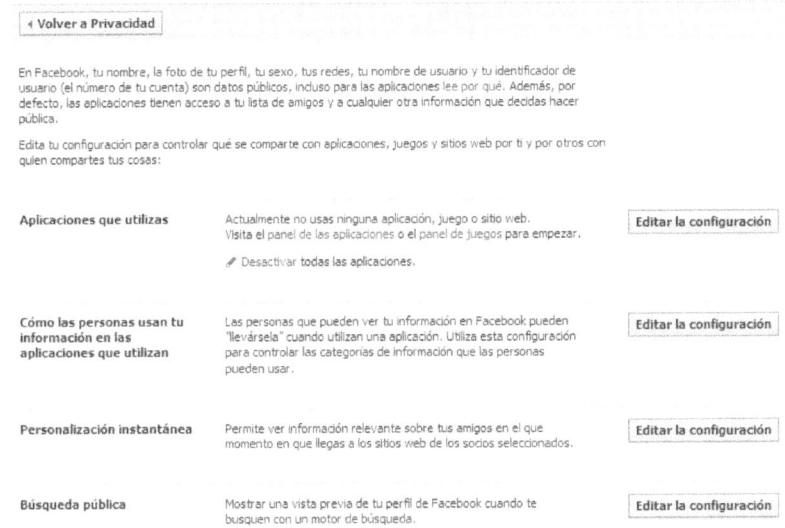

Fig. 9.21. Configuración de "Aplicaciones, juegos y sitios Web".

El tercer apartado es el de "Aplicaciones y sitios Web" (Fig. 9.21). Cada vez más sitios Web y más aplicaciones permiten el intercambio de información en otras plataformas. Hay aplicaciones muy variadas y muy pesadas, pero también las hay útiles... A través de esta opción podrás elegir entre diferentes opciones de diferentes aplicaciones que tú permitas. Yo soy bastante reacio a permitir que aplicaciones de terceros accedan a mi información personal... sobre todo juegos chorras como el famoso de la granja o de los animalitos... pero permito aplicaciones como la de Twitter, un gestor de cuentas de Twitter para el móvil y el iPad denominado Tweetcaster, el gestor de fotografía Instagram (que permite publicar fotos en Facebook o Twitter desde el móvil y retocarlas) o una aplicación que me gusta mucho que es "Cities I've visited", pero nada más.

La cuarta opción permite restringir el acceso a publicaciones que ya hayas realizado (no se muestra). Por ejemplo, si has publicado algo de forma pública, pues con esta opción podrás elegir que todas las que tengas con anterioridad solo sean visibles a tus amigos... Esto se puede hacer publicación por publicación, pero aquí se hace de forma general.

La última opción (tampoco se muestra), permite bloquear aplicaciones y usuarios. Hay usuarios que solicitarán ser amigos tuyos y no los conocerás de nada, pues aquí puedes bloquearlos. Muchos son *spammers* o gente que quiere aprovecharse de cierta fiebre estúpida que sufren algunos de tener cientos de amigos porque sí, y que accederán a tu información personal. Lo mejor es ignorarlos o bloquearlos cuando recibas su solicitud de amistad.

¿Es posible ver cómo ve mi perfil un amigo? No solo se puede sino que es importante comprobarlo. Para ello, en nuestra página de "Configurar perfil" hay un botón a la derecha "Ver como" que permite indicar el nombre de un amigo y Facebook nos mostrará nuestro perfil tal y como lo verá ese usuario. A medida que se utiliza Facebook y se va agregando información, como ya hemos indicado, Facebook irá cambiando y nos ofrecerá modificar nuestro perfil, nuestro muro, por la vista "Biografía". Esta vista es similar a la del muro pero, se supone, que de una forma más ordenada. Esta vista también permite realizar esta comprobación, para ello, a través del botón de configuración del perfil en nuestra página de perfil, justo debajo de la imagen de portada, podremos hacer la prueba en "Ver como..." (Fig. 9.22).

Fig. 9.22. Botón para activar la "vista como" en el perfil normal (izquierda) y en el perfil "biografía" (derecha).

Si has agregado a un amigo y no lo has asignado a un grupo, podrás hacerlo en cualquier momento accediendo a su perfil. A través del enlace "Amigo" que verás debajo de la foto de su portada en la vista "biografía" o a la derecha de la pantalla en la vista clásica, podrás acceder a todas las opciones (Fig. 9.23).

Finalmente, recuerda una vez más que cuando agregas cualquier tipo de información a tu perfil, publicas fotos, creas un álbum, compartes enlaces, etc. en cada momento, puedes elegir quién podrá ver esa información. Ten en cuenta también que cuando participas en un grupo, lo que publiques será visible por todos los miembros del grupo y que éstos podrán compartir esa información sin restricciones, pero que los usuarios de ese grupo que no sean amigos tuyos, no podrán ver nada que tú no les permitas. Y ante todo, lee qué derechos adquiere o le estamos otorgando a Facebook sobre todo lo que subimos a sus servidores.

Fig. 9.23. Opciones de configuración de privacidad y asignación a un grupo de un amigo.

Otro resumen...

Como ya hemos dicho, la manera más sencilla de evitar que nuestra información sea vista por terceras personas es no ponerla. Pero existen opciones suficientes para que esto no ocurra. Por definición, una red social es una herramienta para compartir información pero podremos decidir quién accede a esa información, por eso será importante definir filtros para restringir el acceso a esa información mediante listas de amigos.

Es importante, por tanto, configurar la privacidad si vamos a "hacernos amigos" de gente que realmente no tiene por qué ver cierta información e incluirles en una lista de amigos sin privilegios de acceso a tu información personal.

A medida que incluimos información en Facebook, podemos elegir qué usuarios o grupos de usuarios podrán verla. Es importante prestar atención a esto con cada publicación.

Por tanto, antes de nada, lo ideal es crear grupos de usuarios, de amigos, clasificando a cada uno de ellos en diferentes listas que después tendrán permiso para acceder a una información o a otra. ¿Hemos sido lo suficientemente pesados con este asunto? Por ejemplo se puede crear un grupo "grado 1", donde incluir a tu familia y mejores amigos que acceden a toda la información. Un grupo "grado 2" de amigos y compañeros de trabajo con ciertas restricciones a fotos y comentarios personales. Y un grupo "resto" donde incluir a conocidos, compromisos, compañeros del colegio o el instituto, etc.

Participación en grupos

Facebook ha ido evolucionando de forma rápida, hasta el punto de que algunos cambios son difícilmente asumibles (y siempre muy criticados) por sus usuarios. Tu mismo comprobarás que el aspecto de Facebook va cambiando a medida que lo vas usando. Se va adaptando a ti, además de los cambios generales que van haciendo desde California.

En la actualidad hay, además de tu muro, el de tus amigos y la información personal, otras formas de interactuar con otra gente, sin necesidad de que seáis amigos. Es lo que ocurre en los grupos o las páginas de Facebook. Nosotros nos centraremos en los grupos, que pueden ser públicos y abiertos a todo el mundo, privados a los que solo podrás unirte si alguien aprueba tu solicitud y los hay secretos, que no son visibles más que para quien está dentro del grupo; nadie puede encontrarlos ni solicitar acceso al mismo, y solo el administrados invita a quien quiere.

Los más útiles son los grupos privados pues reúnen a gente con inquietudes similares, la información es solo accesible por la gente del grupo y se supone cierto control en quién accede al grupo y quien no.

Fig. 9.24. Vista de un grupo en Facebook.

Un grupo es como un muro común en el que cualquier miembro del grupo puede publicar información: vídeos, comentarios, enlaces, fotos, documentos, encuestas, eventos, etc. En la Fig. 9.24 se muestra el muro de un grupo. En la parte superior podemos encontrar los enlaces a la información del grupo, los eventos creados por los miembros del grupo, fotos y documentos.

A continuación encontramos un enlace a la configuración de las notificaciones. Estas notificaciones se nos mostrarán en el área superior de la página de Facebook o bien podremos recibirlas por correo electrónico con la frecuencia que nosotros deseemos. Para modificar esta configuración accederemos a "Configuración…" a través del enlace "Notificaciones" y elegiremos la frecuencia y el tipo de actividad que queremos recibir (Fig. 9.25).

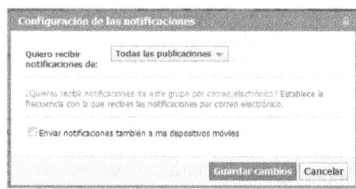

Fig. 9.25. Configuración de las notificaciones de un grupo.

Cualquier miembro de un grupo podrá ver que somos miembros de ese mismo grupo pero no podrá acceder a la información personal de nuestro perfil si no tiene permiso para verla. Si tenemos la configuración de la privacidad en "Solo amigos", a menos que un miembro del grupo sea nuestro amigo, no podrá ver nuestra información.

Álbumes de fotos y vídeos

Hemos creído interesante comentar un poco este apartado, porque creemos que las fotos y los vídeos pueden resultar la información más sensible. Un comentario en el muro o un enlace, pueden ser más o menos privado, pero consideramos que un uso indebido de una imagen personal que esté accesible a un amigo, que puede dejar de serlo, podría ser problemático.

Por eso, dedicaré este apartado a explicar cómo crear álbumes de fotos y configurar la privacidad o permisos de acceso mediante las listas de usuarios.

Facebook crea una serie de álbumes de forma automática como el de fotos de perfil, donde se irán guardando las imágenes que vayamos poniendo como avatar, las fotos de portada de la vista "biografía" y las fotos del muro, que tendrán las mismas limitaciones que las publicaciones de nuestro muro. En nuestro muro o biografía, podremos encontrar un enlace a las fotos y por tanto a los álbumes donde éstas se organizan. A través de ese enlace, podremos acceder a los vídeos que también podremos subir a Facebook.

Como se muestra en la Fig. 9.26 podrás configurar la privacidad de cada álbum, como con el resto de elementos y publicaciones de Facebook. Asimismo en la parte superior se muestra un enlace para "Crear álbum", ponerle un nombre, subir fotos, añadir una descripción a cada foto, etiquetar a amigos en las fotos (dependiendo de la configuración personal de cada uno), ubicar la foto en un mapa, etc. Todo se hace de forma sencilla mediante un asistente.

Puedes crear un álbum de fotos generales y otro más personal y asignar privilegios y criterios de privacidad diferentes para diferentes listas de amigos.

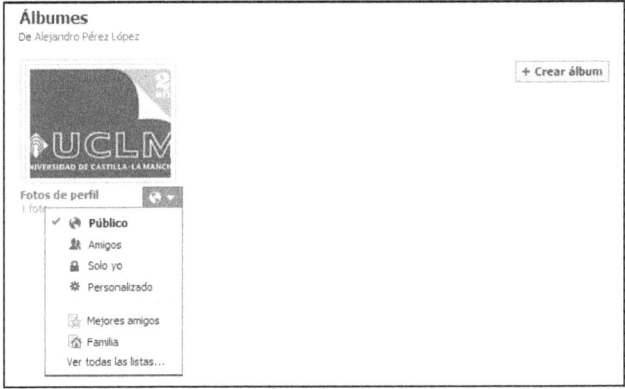

Fig. 9.26. Vista de la sección de fotos.

Darse de baja o eliminar una cuenta de Facebook

Es posible desactivar temporalmente una cuenta o incluso eliminarla. Para ello, desde las opciones de "Configuración de la cuenta" (Fig. 9.8) en las opciones de "Seguridad", en la parte inferior, encontraremos la posibilidad de "Desactiva tu cuenta".

En ese momento se elimina el usuario y la foto de perfil, aunque el contacto no desaparece de las listas de amigos que te hayan agregado. Aunque ellos no podrán volver a acceder a tu perfil, sí podrán ver algunos mensajes que tú les hubieras enviado. Ellos podrán eliminarte de su lista de amigos. Una opción es, antes de darse de baja, eliminar a todos los amigos de nuestras listas y, después, eliminar la cuenta.

No obstante, Facebook permite que vuelvas a acceder a tu cuenta en cualquier momento, simplemente accediendo de nuevo y Facebook recupera toda la información, foto de perfil, etc. que había antes...

Entonces, ¿no se puede eliminar la cuenta definitivamente? Sí, se puede y es sencillo. Para ello solo hay que acceder a https://www.facebook.com/help/delete_account, indicar la contraseña y rellenar un captcha[3] y podremos eliminarla permanentemente. No obstante, podrás cancelar la eliminación en 14 días y recuperarla en ese periodo. Pasados esos 14 días la información se elimina de forma permanente (o al menos eso dicen).

---

[3] http://es.wikipedia.org/wiki/Captcha

Objetivo 2

Manejo básico de Twitter.

Introducción a Twitter

Hemos creído interesante incluir una breve sección sobre Twitter pues se trata de la red social que mayor crecimiento está experimentando en los últimos años. Twitter ha sido fundamental en la distribución de información en movimientos sociales[4] durante la primavera árabe, en los movimientos del 15M, Democracia Real Ya y Occupy Wall Street; está cambiando la forma de informar, está influyendo en la toma de decisiones publicitarias e incluso políticas, a pesar de la, negada por Twitter, censura que se ha aplicado en momentos puntuales.

Twitter, a pesar de ser una red social, es muy diferente a Facebook. Aunque también permite el intercambio de textos, imágenes, vídeos, enlaces, etc., éste se hace mediante mensajes de texto de no más de 140 caracteres. Twitter se podría describir en dos palabras como "Información Inmediata".

También se puede describir a Twitter como un teletipo o un flujo de mensajes continuo, pero en vez de un enlace punto a punto, los mensajes provienen de otros usuarios a los cuales "seguimos"… y vamos recibiendo sus mensajes cortos a medida que éstos son generados y se van ordenando temporalmente en nuestro *Time Line* (TL).

Cuando nos damos de alta en Twitter con una cuenta de correo y un nombre de usuario, debemos insertar (si queremos) una información mínima. Una descripción que puede ser cualquier cosa, el texto es libre, y una foto de perfil (también opcional).

Una vez tenemos confirmada la cuenta (mediante un enlace enviado por correo electrónico), ya podemos escribir nuestro primer mensaje (*tuit*) que solo verán aquellos que nos sigan, nuestros "seguidores" (en este momento nadie) o quien acceda a nuestra página de perfil (salvo que configuremos la cuenta de forma privada). En cada publicación podemos incluir un *hashtag* o etiqueta que clasificará nuestro texto junto con otros que lleven también el mismo hashtag. Para que una palabra o combinación de letras comience a ser un hashtag en Twitter, basta con poner el carácter "#" justo delante (evitando caracteres extraños, acentos, letra ñ, etc.). De esta forma, Twitter permite acceder a todos los mensajes que llevan el mismo hashtag pues gracias a esa cadena, los ordena. Existen hashtags predefinidos o ya fijos que todo el mundo usa. El ejemplo más sencillo es el #FF (*Follow Friday*) que se utiliza los viernes para recomendar a nuestros seguidores, *followers*, otros usuarios de Twitter que hemos encontrado interesantes.

Otra de las cosas que debemos hacer cuanto antes es comenzar a seguir a otros usuarios, para poder recibir sus mensajes cortos o tuits. Twitter nos irá sugiriendo usuarios o bien los podremos ir buscando nosotros. De esta forma nos convertiremos en "seguidor" de ese usuario, al cual podremos dejar de seguir (*unfollow*) en cualquier momento. A partir de ese momento todo lo que publiquen aquellos usuarios a quienes seguimos empezará a llenar nuestro TL, a veces, de forma prácticamente imposible de gestionar.

Gracias a los hashtags podemos poner un poco de orden y estar informados, en tiempo real, de numerosos sucesos o historietas que se retransmiten en cada momento. Habrá

---

[4] http://es.wikipedia.org/wiki/Twitter#Sociedad

de todo: cosas serias, noticias, sucesos, opiniones, programas de televisión, reacciones, manifestaciones, chistes, tontunas varias, etc. Y lo mejor de todo es que cualquier persona puede generar un hashtag. Lo que no es tan fácil es que se expanda por la red, que lo use mucha gente. A medida que ese hashtag va creciendo en número de publicaciones, puede llegar a ser *Trending Topic* (TT) local, regional o mundial, esto es "Tema del Momento" y aparecer en la página inicial de Twitter para que otros usuarios vean lo que se cuece y agregar sus propios comentarios. Twitter tiene sus propios algoritmos que convierten a un texto o a un hashtag en TT, pero se basa en crecimiento del número de tuits con ese texto, localización, etc. Y no es fácil llegar a TT salvo que el tema tenga una actividad amplia y numerosa.

De esta forma, con los TT, Twitter ofrece mensajes de 140 caracteres que se están produciendo en un determinado momento y espacio (a veces en todo el mundo), clasificados y rápidos, a veces opiniones, comentarios o incluso información de sucesos con imágenes, vídeos, etc. mucho más rápidamente que cualquier medio de comunicación podría soñar. Twitter puede convertir a cualquier persona en periodista, cualquier persona puede lanzar su teletipo y llegar a millones de usuarios en cuestión de minutos.

Otro elemento importante es el uso de "@". Los nombres de usuario en Twitter siempre empiezan por "@", por ejemplo uno de nosotros es @najera2000, el otro es @55enrique y la Facultad de Medicina de Albacete es @medicinaAb. Cuando se incluye el nombre de un usuario de Twitter (con la @) en un tuit, ese usuario recibe un aviso de que le hemos citado. Sería algo parecido a recibir un mensaje directo aunque público. Este usuario podrá contestarnos o retwittear (RT) mi mensaje, esto es, enviar mi tuit a todos sus seguidores, quienes podrán volver a retwittear mi mensaje. Así, con ese efecto dominó, un tuit interesante e impactante puede extenderse por todo el mundo rápidamente, aunque no es lo normal.

- Accesos básicos: página de inicio (Inicio), interacciones con otros usuarios (@Conecta) y sugerencias de temas (#Descubre).

- Información básica de tu perfil.

- Sugerencias de usuarios.

- Trending Topics o tendencias.

- Herramienta de búsqueda.

- Escribir un nuevo *tuit*.

- Opciones de la cuenta.

- *Time Line*.

Fig. 9.26. Página inicial de Twitter

Pues bien, veamos cómo manejar Twitter. Cuando accedemos a Twitter (a través de su web o de las diferentes apps disponibles para dispositivos móviles), vamos directamente a nuestro TL, donde podremos ver los tuits de todos los usuarios que seguimos. En la Fig. 9.26 se muestran los diferentes elementos de la página inicial de Twitter: TL, accesos básicos, información de nuestro perfil (número de tuis, usuarios que seguimos y que nos siguen), sugerencia de usuarios, TT, herramientas de búsqueda, escribir un nuevo tuit y opciones de la cuenta.

Haciendo clic sobre un hashtag dentro de un tuit podremos acceder a todos los mensajes que se están produciendo en el mundo con esa etiqueta. Haciendo clic sobre el nombre de un usuario, podremos ver el listado de tuits publicados, su información básica y número de tuis, etc. y el botón para comenzar a "seguirle". También podremos ver qué usuarios le siguen y a quién sigue ese usuario... Es la mejor manera de encontrar usuarios que puedan tener similitudes o intereses comunes y así ir incrementando el número de usuarios que seguimos. En la página de perfil de un usuario de Twitter encontraremos este botón que nos permitirá una serie de interacciones con ese usuario como por ejemplo enviarle un mensaje directo (DM) o mensaje privado (solo si ambos usuarios se siguen el uno al otro), impedir que nos retwittee, bloquear usuario o agregarlo a una lista. Esta última opción nos permite clasificar a los usuarios que seguimos en listas, de manera que cuando accedemos a esas listas, solo se nos mostrarán los tuits que han enviado esos usuarios... y poner algo de orden en nuestro TL.

Pasando el ratón por un tuit se mostrarán diferentes opciones como por ejemplo responder, retwittear, marcar como favorito (se guarda en nuestros favoritos) y abrir el elemento.

A través del botón "@Conecta" de la arte superior de la página de Twitter, podremos acceder a las interacciones que se han producido con nuestro usuario: menciones, nuestros tuits que han sido retwitteados, nuevos seguidores, etc. En esta sección también podremos acceder a las "Menciones" que nos mostrará todos los tuis que incluyen nuestro nombre de usuario. Es una forma de enviar mensajes directos públicos a un usuario. Aunque podremos enviar mensajes privados a través del botón que encontraremos, como ya hemos indicado, en la página de perfil del usuario.

La limitación de 140 caracteres se puede salvar, puesto que cuando queremos enlazar una página Web cuya URL es muy larga podremos usar acortadores como http://bit.ly o http://goo.gl que la harán más fácilmente incluible en Twitter. Podemos subir imágenes (http://twitpic.com/ o http://instagr.am/) y vídeos (http://www.twitvid.com/) en servicios específicos que incluyen ese archivo en nuestro tuit como una URL acortada. Hay muchos servicios, incluso para poder publicar más de 140 caracteres, pero rompe la idea de Twitter, aunque a veces es complicado resumir lo que uno quiere lanzar al mundo en 140 caracteres. Estos servicios suelen ser automáticos y si se maneja Twitter desde un móvil, subir y compartir una foto mediante estos servicios es algo tan sencillo que el usuario no tiene más que decir en su gestor de Twitter que quiere compartir una imagen; el gestor se encargará de todo.

En definitiva, Twitter es muy fácil de usar cuando empiezas a dominar la jerga... Solo te tienes que dar de alta, comenzar a seguir a usuarios y empezar a escribir tus propios tuits y a leer lo que otros escriben... también podrás moverte a través de los TT que se van generando cada día. Pero nadie organiza la información que recibimos en nuestro TL; cada usuario que seguimos puede mandar cientos de tuits (máximo 1000 al día), por lo que toda esta información es difícil de gestionar y es lo que al principio agobia bastante, porque tienes la necesidad de leer todo, lo cual, cuando el número de usuarios a los que sigues se va incrementando, es sencillamente imposible.

Entonces, ¿para qué sirve Twitter? Pues es una pregunta difícil y fácil de contestar. Sirve para compartir información. Sirve para seguir la información que generan los usuarios a quien nosotros seguimos o las que cualquiera genera con un hashtag determinado. No debemos pretender leer toda la información que se genera en Twitter, podemos acceder al

TL de un usuario determinado que nos interese en un momento y ver qué publica (hay usuarios temáticos, agencias de información, organismos oficiales, etc.)... El potencial más increíble de Twitter lo ofrece con la posibilidad de seguir un determinado evento a través de un hashtag... El día que el movimiento 15M fue desalojado de la Puerta del Sol, no había periodistas, no había información, pero miles de personas comenzaron a llegar, a altas horas de la madrugada a la plaza. ¿Cómo se enteraron? Pues un hashtag que corrió como la pólvora. Cualquier usuario a las 3 de la madrugada, en la cama, podía estar leyendo todos los tuits que se iban produciendo en ese hashtag por la gente que estaba allí, podía ver los vídeos de las agresiones, de la brutalidad policial, de la acción no violenta de los que allí protestaban pacíficamente... en tiempo real y de primera mano, sin censura ni manipulación periodística. Otras veces, la mayoría, simplemente lees tu TL con toda la información mezclada y aleatoria que se va generando, cuando puedes... y más o menos te enteras de cosas que te interesan si sigues a los usuarios adecuados.

Por tanto Twitter tendrá defensores y detractores, ventajas e inconvenientes, pero hay algo claro, está cambiando la sociedad y la forma de informar y de intercambiar información.

Por último, antes de terminar, es importante repasar las opciones de configuración que ofrece Twitter a través de las opciones de la cuenta (Fig. 9.26) en "Configuración". Hay varias secciones de configuración: Cuenta, Contraseña, Móvil, Notificaciones, Perfil, Diseño y Aplicaciones.

En "Cuenta" podremos configurar la ubicación, la franja horaria y lo más importante para aquellos que no quieren que sus publicaciones sean públicas: "Proteger mis tweets", que nos permite limitar la lectura de nuestros tuits solo a aquellos usuarios que nosotros permitamos, con lo que podremos proteger nuestra privacidad. Debe quedar también claro que se puede utilizar Twitter sin necesidad de escribir ningún tuit, solo leyendo lo que otros escriben.

El siguiente apartado importante de la configuración de la cuenta son las "Notificaciones" desde donde podremos elegir qué notificaciones queremos recibir por correo electrónico. Y en "Perfil" podremos modificar la información de nuestra página de perfil como el nombre, o la "Biografía", también podremos permitir que todos nuestros tuits se publiquen también en Facebook, sin necesidad de acceder a esa red social. En "Diseño" podremos modificar unos mínimos elementos de diseño de nuestra página de perfil como la imagen de fondo o los colores.

Por último, tal y como ocurre con Facebook, podemos configurar el acceso de aplicaciones a nuestra cuenta de Twitter. Esto permite integrar nuestros tuits en sitios Web o en apps para móviles, verdadero potencial de Twitter. Integrar Twitter en un teléfono móvil, poder acceder a esta cantidad de información de forma inmediata desde cualquier lugar del mundo y poder publicar información desde cualquier lugar del mundo y en cualquier momento, hacen de Twitter una aplicación increíblemente potente a la hora de generar información puntual que muchos medios de comunicación ya desearían pero que ya están explorando y explotando.

www.ingramcontent.com/pod-product-compliance
Lightning Source LLC
Chambersburg PA
CBHW060837170526
45158CB00001B/179